Technischer Einkauf

Christoph Siegfarth

Technischer Einkauf

Praxishandbuch für mittelständische Unternehmen

1. Auflage

Haufe Group
Freiburg · München · Stuttgart

Bibliografische Information der Deutschen Nationalbibliothek

Die Deutsche Nationalbibliothek verzeichnet diese Publikation in der Deutschen Nationalbibliografie; detaillierte bibliografische Daten sind im Internet über http://dnb.dnb.de/ abrufbar.

Print:	ISBN 978-3-648-16751-9	Bestell-Nr. 10861-0001
ePub:	ISBN 978-3-648-16752-6	Bestell-Nr. 10861-0100
ePDF:	ISBN 978-3-648-16753-3	Bestell-Nr. 10861-0150

Christoph Siegfarth
Technischer Einkauf
1. Auflage, Mai 2023

www.haufe.de
info@haufe.de

Bildnachweis (Cover): © z1b, iStock

Produktmanagement: Dipl.-Kfm. Kathrin Menzel-Salpietro
Lektorat: Helmut Haunreiter

Inhaltsverzeichnis

Einleitung

»Der Gewinn liegt im Einkauf« – so lautet eine alte, auch heute noch gültige Kaufmannsweisheit. Leider wird der Einkauf in vielen Unternehmen stiefmütterlich behandelt, was dazu führt, dass viel Zeit mit Feuerlöschen verbracht wird, etwa weil Lieferengpässe entstehen. Außerdem wird dadurch wertvolles Kapital vernichtet.

Welch großen Einfluss Einkaufskostensenkungen auf den Unternehmenserfolg haben, soll mit einem Beispiel gezeigt werden. Hierbei wird ein fiktives Unternehmen mit 1.000.000 € Jahresumsatz betrachtet. Die Fixkosten betragen 50.000 €, die Einkaufskosten 60 % und die sonstigen Kosten 30 % des Umsatzes, somit bleiben 5 % bzw. 50.000 € als Gewinn übrig.

	Vorher	**Einkaufskostensenkung -5 %**	**Umsatzsteigerung + 30 % (alternativ)**
Umsatz	1.000.000 €	1.000.000 €	1.300.000 €
Fixkosten	50.000 €	50.000 €	50.000 €
Einkaufskosten	600.000 €	570.000 €	780.000 €
Sonstige Kosten	300.000 €	300.000 €	390.000 €
Gewinn	50.000 €	80.000 €	80.000 €

Ein Senken der Einkaufskosten um 5 % hat in diesem Beispiel die gleiche Auswirkung auf den Gewinn wie eine Umsatzsteigerung um 30 %!

Während meiner beruflichen Laufbahn musste ich feststellen, dass die Ursprünge von Lieferengpässen, Qualitätsproblemen und hohen Kosten immer wieder auf den gleichen Sachverhalten basieren – unabhängig von der Branche, in der die jeweiligen Unternehmen tätig sind. Das Ziel dieses Buchs ist es einerseits, die Ursachen dieser Probleme zu beleuchten, und andererseits, das Wissen zu vermitteln, um systematische Fehler auf ein Minimum zu reduzieren. Darüber hinaus soll das Buch dabei helfen, ein Prozessverständnis zu erarbeiten, mithilfe dessen der Einkauf seinen Beitrag zu nachhaltigem Unternehmenswachstum leisten kann. Es richtet sich an Einkäufer, Entwickler und Geschäftsführer von mittelständischen Technologieunternehmen. Unter mittelständischen Unternehmen sind kleine und mittlere Unternehmen mit bis zu mehreren hundert Mitarbeitern zu verstehen. Auch Mitarbeiter von großen Konzernen werden in diesem Buch Anregungen finden, jedoch unterscheidet sich die Arbeitsweise dort von der in mittelständischen Unternehmen.

Die gute Nachricht ist: Einkauf ist keine Quantenphysik, daher sind die Probleme und die vorgeschlagenen Lösungen einfach zu verstehen. Es werden zahlreiche anonymisierte Praxisbeispiele aus meiner eigenen Berufserfahrung aufgeführt, die verdeutlichen sollen, wo Fehlerpotenziale entstehen können. Die Beispiele stammen aus den Bereichen Mechanik, Elektronik und Optik, jedoch lassen sich die Prinzipien auch auf andere Warengruppen übertragen.

Da die Darstellungen aus Einkaufssicht erfolgen, kann es so scheinen, als würde die Arbeit der Entwicklungsabteilung gering geschätzt werden. Das ist keinesfalls die Intention. Ein Kernanliegen dieses Buches ist es, dass das gegenseitige Verständnis zwischen Entwicklung und Einkauf gefördert wird, um so die Schnittstellen zu verbessern. Daher empfehle ich dieses Buch auch interessierten Entwicklern, genauso wie ich jedem technischen Einkäufer dringend rate, sich intensiv in technische Themen sowie die Arbeitsweisen der Entwicklungsabteilung einzuarbeiten.

Teil I dieses Buchs behandelt mit starkem technischem Fokus die komplette Prozesskette des Beschaffungsprozesses. Vorweg wird erläutert, was schon bei der Produktentwicklung aus Einkaufssicht zu beachten ist, denn hierin stecken große Optimierungspotenziale.

In Teil II wird das Fundament eines exzellenten Einkaufs beschrieben. Es geht beispielsweise um Lieferantenmanagement, Einkaufscontrolling oder mögliche Organisationsformen eines Einkaufs.

Ich hoffe, dass ich Ihnen den einen oder anderen Blickwinkel eröffnen kann, der Ihnen bisher nicht bewusst war, damit Sie Ihr Berufsleben erfolgreicher gestalten und im Einkauf Ihres Unternehmens nachhaltige Werte schaffen können.

Über Fehlerkorrekturen und Anregungen für zukünftige Auflagen dieses Buches wäre ich sehr dankbar. Sie können mir die Hinweise gerne per E-Mail an buch@siegfarth-consulting.de zukommen lassen.

Viel Freude beim Lesen!

Teil I: Von der Produktentwicklung bis zur eingelagerten Ware

1 Produktentwicklung

Die Produktentwicklungsphase ist wegweisend für vieles: Die Kosten eines Produktes werden weitgehend festgelegt, die spätere Lieferzeit der Teile hat hier ihren Ursprung und es entscheidet sich, wie wahrscheinlich Qualitätsschwankungen sein werden. Ist die Entwicklung abgeschlossen, hat der Einkauf zwar noch Möglichkeiten, diese Punkte zu verbessern, während der Entwicklungsphase sind die Spielräume aber ungleich größer. Daher ist es entscheidend, dass die Phase der Produktentwicklung bestmöglich abläuft. In diesem Kapitel wird dargelegt, was aus Einkaufssicht bei der Produktentwicklung zu beachten ist.

1.1 Den Einkauf einbinden

Es ist elementar, den Einkauf bei Produktentwicklungsprojekten von Anfang an mit einzubinden. In vielen Unternehmen ist es üblich, dass ein Projekteinkäufer jedem Entwicklungsprojekt zugewiesen wird. Der Projekteinkäufer nimmt an den Projekttreffen teil, beschafft die Teile während der Produktentwicklungsphase und sorgt im Projektteam dafür, dass die Teile später seriensicher und günstig eingekauft werden können. Wenn zu Kick-off-Terminen von neuen Projekten ein Projekteinkäufer eingeladen wird, ist sichergestellt, dass die Einbindung des Einkaufs nicht zu spät erfolgt.

Negativbeispiel:

Wir entwickelten ein neues Medizinprodukt. Gegen Projektende stellte ich fest, dass eine Feder verbaut war, die komplex aussah, es handelte sich um eine sogenannte Wellenfeder. Alle anderen Einkaufsteile hatte ich selbst beschafft. Von dieser Feder hatte ich aber nichts mitbekommen, da sich noch eine Kiste mit 10 Jahre zuvor beschafften Federn beim zuständigen Entwickler im Büro befunden hatte. Diese Federn waren in den Prototypen verbaut worden. Eine Spezifikation für die Feder war zwar vorhanden, dabei handelte es sich jedoch um eine Zeichnung, die um handschriftliche Notizen ergänzt worden war. Die Anfrage mit dieser Zeichnung beim Lieferanten machte die Sache nicht besser. Der Lieferant teilte mir mit, er könne nicht garantieren, dieses kundenspezifische Teil noch exakt so produzieren zu können, es seien Tests notwendig. Die Feder musste jedoch weiterhin im Produkt verwendet werden, die Stückliste durfte nicht mehr verändert werden. Hätte ich früher davon erfahren, hätte ich Einspruch gegen die Verwendung einer solchen Feder erhoben, vielleicht hätte es ein passendes Standardprodukt gegeben. Ich hätte viel früher im Projektverlauf die gesamte Stückliste durchforsten sollen, dann wäre ich auf dieses problematische Teil gestoßen.

Positivbeispiel:

Wir entwickelten ein neues Produkt, bei dem Teile aus einem sehr teuren Material verwendet werden sollten. Als Projekteinkäufer war ich von Anfang an in sämtliche Aktivitäten eingebunden. Ich konnte mich erinnern, dass wir noch aus einem alten, gescheiterten Projekt Teile aus dem gleichen Material im Wert von mehr als 100.000 € auf Lager hatten. Diese waren zwar längst abgeschrieben, aber noch nicht entsorgt worden. Jedes Jahr wurde ich bei der Inventur an sie erinnert. Daher konnte ich im Projektteam den Vorschlag machen, das Design des Produktes so zu ändern, dass die alten Teile verwendet werden konnten. Der Projektleiter oder die Entwickler hätten nicht gewusst, dass sie noch existierten.

1.2 Die Lieferanten einbinden

Immer wieder kommt es vor: Es werden Teile entwickelt und bei der Fertigung stellt sich heraus, dass Lieferanten Probleme haben, diese Teile seriensicher in großen Stückzahlen herzustellen. Dem lässt sich vorbeugen, indem der Einkauf die Lieferanten früh in den Entwicklungsprozess einbindet, denn die Lieferanten kennen ihre Fertigungsverfahren am besten.

In der Elektronikbranche ist es beispielsweise üblich, dass Lieferanten die Produkte auf Serienproduzierbarkeit hin überprüfen und sogenannte DFM-Berichte (DFM = Design for Manufacturability) erstellen. Ein solcher Bericht kann sowohl vor Produktionsbeginn als auch erst danach erstellt werden. Im Anschluss kann das Produkt optimiert werden. Viele Lieferanten erstellen die Berichte sogar kostenlos.

Beispiel:

Wir ließen ein elektronisches Gerät schon seit einiger Zeit bei einem Lieferanten fertigen. Nach einem Lieferantenwechsel erstellte der neue Lieferant im Zuge der Erstmusterproduktion einen DFM-Bericht. Er stellte dabei fest, dass die auf den Leiterplatten angebrachten Lötflächen nicht optimal zu den darauf bestückten Elektronikbauteilen passten, die beiden Kontakte lagen zu weit auseinander (siehe Abbildung 1). Dies erhöhte das Risiko, dass die Lötverbindung zwischen Bauteilen und Lötflächen nicht korrekt war. Die Produktionsdaten der Leiterplatte wurden daraufhin angepasst, um dieses Risiko zukünftig auszuschließen.

Abb. 1: Die Positionen der Lötflächen passen nicht optimal zu den bestückten Kondensatoren

Da Lieferanten selbst die Kalkulationen durchführen, kennen sie die Preistreiber. Eine Leiterplatte wird beispielsweise dann teuer, wenn die Leiterbahnen eng beisammen und dünn sind, die Leiterplatte aus vielen Lagen besteht oder eine nicht rechteckige Form hat. Mit diesem Wissen können die Lieferanten Hilfestellung bei der Optimierung der Produkte leisten.

Manche Lieferanten bieten Schulungen an, oft zu stark vergünstigten Preisen oder sogar komplett kostenlos. Selbst bei kostenlosen Schulungen ist es häufig der Fall, dass die Lieferanten ihre Kunden regelrecht überreden müssen, teilzunehmen. Natürlich bieten Lieferanten die Schulungen nicht uneigennützig an, denn sie wollen Kundenbindung betreiben – was aber nicht heißt, dass Kunden nicht trotzdem von den Angeboten profitieren können.

Vorsicht ist geboten, wenn Vertriebsmitarbeiter der Lieferanten direkt Entwickler kontaktieren. Die Tatsache, dass viele Mitarbeiter der Entwicklungsabteilung in der Regel nicht so erfahren in der strategischen Gesprächsführung sind wie Einkäufer, wird von Lieferanten immer wieder ausgenutzt, um an Informationen zu gelangen, die dem Lieferanten nicht mitgeteilt werden sollten.

Beispiel:

Ich hörte bei einem Gespräch zwischen einem Entwickler unseres Unternehmens und einem Vertriebsmitarbeiter des Lieferanten zu. Plötzlich sagte unser Entwickler: »Von der technischen Seite passt nun alles, der Kollege vom Einkauf wird sich dann bei Ihnen melden, um den Preis zu verhandeln«. Leider gab es nach diesem Satz nichts mehr zu verhandeln, da dem Lieferanten klar war, dass wir kaufen würden.

Eine Lösung für dieses Problem könnte beispielsweise in einer unternehmensweiten Vorgabe münden, dass keine Kommunikation mit Lieferanten stattfinden darf, ohne dass der zuständige Einkäufer dabei ist bzw. zu versendende E-Mails vorher freigegeben hat. Vor jedem Treffen oder Telefonat mit dem Lieferanten sollte ein kurzes internes Vorgespräch stattfinden, um die Gesprächsstrategie zu klären. Zudem sollte klar sein, dass Preisverhandlungen Sache des Einkaufs sind. Es sollten von der Entwicklung keine Preisvorstellungen, Zielpreise oder Ähnliches genannt werden.

Beispiel:

Wir ließen ein Objektiv von einem Lieferanten entwickeln, der es anschließend auch produzieren sollte. Dummerweise war im Lastenheft angegeben, dass die Entwicklung des Objektivs maximal 100.000 € kosten dürfe. Wie zu erwarten war, wurde dieser Preis im Angebot nicht unterschritten.

Ein weiterer Aspekt: Auch wenn Geheimhaltungsvereinbarungen mit Lieferanten bestehen, sollte trotzdem bedacht werden, welche Informationen ihnen mitgeteilt werden. Denn die Wahrscheinlichkeit, dass ein Lieferant auch die eigene Konkurrenz beliefert, ist nicht gering. So kann es vorkommen, dass die eigenen Konkurrenten vom Lieferanten in einem Nebensatz Informationen erhalten, die ihnen eigentlich vorenthalten werden sollten. Mit hoher Wahrscheinlichkeit wird eine solche Verletzung der Geheimhaltungsvereinbarung erst gar nicht bekannt werden. Und selbst wenn sie es wird: Sie nachzuweisen, ist alles andere als einfach.

1.3 Der Zielkonflikt zwischen Einkauf und Entwicklung

Die Arbeit von Entwicklern wird meist daran gemessen, wie gut die von ihnen entwickelten Produkte funktionieren und wie hoch die Qualität und Zuverlässigkeit der Produkte ist. Dieses hohe Sicherheitsbewusstsein führt tendenziell dazu, dass enger als unbedingt nötig spezifiziert wird, beispielsweise durch strenge Toleranzen, was zu erhöhten Kosten führt.

Die Arbeit von Einkäufern hingegen wird daran gemessen, wie gut diese die Versorgung sicherstellen und dabei Einsparungen erzielen. Diese Ziele sind leichter erreichbar, wenn die Toleranzen von Teilen und Baugruppen weit gefasst sind, denn dadurch können die Teile unproblematischer bei vielen verschiedenen Lieferanten beschafft werden.

Es zeigt sich ein Widerspruch, da die Interessen von Entwicklern und von Einkäufern hinsichtlich Spezifikationen gegensätzlich sein können. Hier ist die Geschäftsführung gefragt. Sie muss festlegen, wie hoch die Qualität der Endprodukte sein soll. »So gut wie möglich« kann in den wenigsten Fällen die Antwort sein, denn dann wären die Preise so hoch wie bei Raumfahrtprodukten. Die Vorgaben sollten klar an alle Mitarbeiter kommuniziert werden. Genauso kann es sinnvoll sein, Mitarbeitern aus der Entwicklung zu verdeutlichen, dass aus Sicherheitsgründen nicht überspezifiziert werden sollte und Fehler zu einem gewissen zu definierenden Grad vorkommen dürfen. Eventuell können Anreizsysteme dafür geschaffen werden, Teile nur so eng wie nötig zu spezifizieren.

Der Einkauf muss sich darauf verlassen können, dass Spezifikationen angemessen sind. In der Praxis kommt es immer wieder vor, dass Einkäufer produzierte Waren, die außerhalb der Spezifikation liegen, trotzdem freigeben, weil sie davon ausgehen, dass alles zu eng spezifiziert ist. Dies sollte unterbunden werden, da die Spezifikationshoheit bei der Entwicklung liegen sollte.

Beispiel:

Wir entwickelten ein neues Gerät, das bei etwas verminderter Leistung besonders preisgünstig sein sollte, um gegen die günstigen Konkurrenzprodukte aus Asien bestehen zu können. Bei einem werthaltigen Bauteil, das in verschiedenen Qualitätsstufen bezogen werden konnte, stellten wir fest, dass in der Stückliste die gleiche Güteklasse für das Bauteil vorgesehen war wie bei unserem Premiumgerät. Nach einer Diskussion mit dem zuständigen Entwickler stellten wir fest, dass dieser sich nicht traute, das günstigere Bauteil zu verbauen, weil er Angst davor hatte, dass das Gerät dann womöglich nicht mehr gut funktionieren würde. Da ich mich relativ gut mit der Materie auskannte und den Eindruck hatte, dass es trotzdem funktionieren könnte, überschritt ich ausnahmsweise meinen Zuständigkeitsbereich, bestellte die günstigeren Teile und ließ Tests durchführen. Es stellte sich heraus, dass sie problemlos in dem neuen Gerät eingesetzt werden konnten.

1.4 Tipps zur Verwendung und Spezifizierung von Teilen

Nachfolgend werden aus Einkaufssicht Tipps dazu gegeben, was bei der Spezifizierung von Teilen beachtet werden kann.

1.4.1 Anzahl verschiedener Teile geringhalten

Es ist ratsam, nur so wenige verschiedene Teile wie möglich zu verwenden. Einerseits betrifft dies einzelne Fertigungsbaugruppen, zum anderen geht es auch um die Gesamtzahl verschiedener Teile, die in einem Unternehmen eingesetzt werden. Die Verwendung vieler verschiedener Teile bedeutet:

- Tendenziell mehr Lieferanten, was sowohl zu größerem Betreuungsaufwand für die Lieferanten führt als auch zu einem kleineren Einkaufsvolumen pro Lieferant – was zu höheren Preisen und weniger Verhandlungsmacht führt.
- Höherer Aufwand aufgrund von mehr Anfragen, Bestellungen, Wareneingängen und Rechnungen.
- Höhere Lagerkosten, da mehr Lagerfläche benötigt wird.

Beispiel:

Bei einem neuen Produkt wurde der Hauptbereich mit teurem Epoxidharz vergossen. Zusätzlich gab es eine kleine Vorkammer, die ebenfalls vergossen wurde. In ihr war ein anderes Epoxidharz vorgesehen als im Hauptbereich. Ich fragte den Entwickler, warum zwei verschiedene Harzsorten zum Einsatz kommen sollten. Er hatte es gut gemeint und wollte in der Vorkammer aufgrund niedrigerer Anforderungen ein günstigeres Harz einsetzen. Daraufhin rechneten wir nach: Die Ersparnis betrug nur wenige Cent. Dafür hätte extra ein weiteres Harz eingekauft werden müssen, was in der Produktion zu erheblichem Mehraufwand in der Handhabung geführt hätte. Die Entscheidung war eindeutig: Wir änderten die Stückliste, sodass nur noch das teurere Harz eingesetzt wurde, was aber trotzdem zu einem günstigeren Produkt führte.

Doch wie kann sichergestellt werden, dass so oft wie möglich Teile verbaut werden, die vom Unternehmen bereits in anderen Produkten verwendet werden und die in der Vergangenheit möglichst nicht negativ aufgefallen sind? Ein guter Anfang sind Designrichtlinien, durch die vieles abgefangen wird, später mehr dazu (siehe Seite 26 ff.). Darüber hinaus ist es dienlich, wenn alle verwendeten Teile in Datenbanken oder Listen übersichtlich geführt werden. Selbstverständlich hilft es auch, wenn Entwickler viel über andere Produkte des Unternehmens wissen, um Inspirationen für Gleichteile zu haben.

Beispiel:

Die Bestückung von Leiterplatten erfolgt meist automatisch mithilfe von Bestückungsautomaten. Der Bestückungsautomat wird dazu mit den Bauteilen »gefüttert«, die auf den Leiterplatten eingesetzt werden. Durch diesen teilweise manuellen Rüstvorgang fallen Rüstkosten an. Wird beispielsweise eine Leiterplatte eingesetzt, auf der 20 Widerstände mit 10 Ohm vorkommen, jedoch nur ein einziger Widerstand mit 20 Ohm, dann kann es sinnvoll sein, das Layout so zu ändern, dass der Widerstand mit 20 Ohm durch zwei Widerstände mit je 10 Ohm ersetzt wird. Dadurch erhöht sich zwar der Preis für die Bauteile minimal, die Rüstkosten sinken aber, da weniger verschiedene Teile benötigt werden.

1.4.2 Fertigungskosten nicht vernachlässigen

Wie soeben betrachtet wurde, kann es sinnvoll sein, mehr Bauteile zu verwenden, trotzdem aber in der Gesamtheit Kosten einzusparen. Dieses Prinzip lässt sich auf die Fertigung verallgemeinern (bezogen auf den Einkauf wird diese Thematik auf Seite 26 unter dem Stichwort »Total Cost of Ownership« betrachtet werden): Mehrkosten für Material dürfen in Kauf genommen werden, wenn davon der Fertigungsprozess in größerem Umfang profitiert. Es kommt immer wieder vor, dass Produkte einseitig auf niedrige Stücklistenkosten optimiert werden. Daher ist es beispielsweise selten sinnvoll, bei Projekten als Zielkosten nur die Summe aller Preise in der Stückliste anzugeben.

Beispiel:

Bei der Bestückung von Leiterplatten gibt es SMT-Bauteile und THT-Bauteile. SMT-Bauteile lassen sich besser automatisiert bestücken. Daher kann es sinnvoll sein, ein SMT-Bauteil statt eines äquivalenten THT-Bauteils zu verwenden, auch wenn das SMT-Bauteil etwas teurer sein sollte.

1.4.3 Herstellerbindung, Zeichnungsteile oder Normteile – was ist sinnvoller?

Ein Bauteil mit Herstellerbindung einzusetzen bedeutet, sich in ein Abhängigkeitsverhältnis zum Hersteller des Teils zu begeben. Sollten die Spezifikationen nicht einmal bekannt sein, ist diese Abhängigkeit umso größer.

Beispiel:

Ein Elektromotor unseres Unternehmens wurde seit Jahren mit einem bestimmten Epoxidharz vergossen. Als der Hersteller dieses Harz abkündigte, wusste niemand genau, welche Eigenschaften ein neues Epoxidharz haben sollte. Das alte Epoxidharz war in der Vergangenheit ausprobiert und für gut befunden worden, aber nicht alle Eigenschaften dieses Harzes waren auch zwingend notwendige Eigenschaften.

Zum Leidwesen von Einkäufern wird die Vorgehensweise aus dem Beispiel in mittelständischen Unternehmen häufig praktiziert. Es ist unrealistisch zu erwarten, dass zu jedem Teil die Spezifikation bis ins kleinste Detail bekannt ist, damit der Einkauf dann ein passendes Produkt auswählen kann – die Ressourcen dafür sind in den meisten Entwicklungsabteilungen nicht vorhanden.

Falls Teile mit Herstellerbindung eingesetzt werden sollen, ist es daher meist ratsam, zusätzliche Alternativen von anderen Herstellern zu qualifizieren, um unabhängig zu sein. Zudem kann es sinnvoll sein, nur so wenige Hersteller im Portfolio zu haben, dass das Einkaufsvolumen bei jedem Hersteller hoch genug ist, um von ihm als wichtiger Kunde wahrgenommen zu werden.

Beispiel:

In unserem Unternehmen wurde Tausende unterschiedliche Elektronikbauteile eingesetzt. Der Einkauf hatte jedoch 3 Hersteller vorgegeben, von denen bevorzugt Bauteile eingesetzt werden sollten. Dadurch war die Verhandlungsmacht gegenüber diesen Herstellern relativ groß und es konnte direkt mit den Herstellern der Teile anstatt mit den Distributoren verhandelt werden, was zu niedrigeren Preisen führte.

Zeichnungsteile – also Teile, bei denen die Spezifikation selbst definiert wird – haben diese Schwachstellen nicht, falls es mehrere Lieferanten gibt, die sie produzieren können. Es muss jedoch beachtet werden, dass es sich erst ab einer gewissen Stückzahl finanziell lohnt, ein Teil kundenspezifisch produzieren zu lassen – bei kleinen Stückzahlen kann der Einsatz von Teilen mit Herstellerbindung doch sinnvoll sein.

Beispiel:

Bei Schraubensicherungslack wird manchmal ein bestimmtes Produkt in Stücklisten festgeschrieben. Bei externer Fertigung der Baugruppe kann es dann aber vorkommen, dass der Produzent diesen Schraubensicherungslack nicht im Einsatz hat. Anstatt ein bestimmtes Produkt vorzugeben, kann es sinnvoller sein, zu definieren, welche Eigenschaften der Lack erfüllen soll, beispielsweise »Schraubensicherungslack mit mittlerer Festigkeit«.

Normteile – das sind Teile, die in allen Einzelheiten in einer Norm beschrieben sind, wie beispielsweise viele Schrauben – vereinen alle Vorteile. In der Regel muss man sich hier in keinerlei Abhängigkeitsverhältnis zum Lieferanten begeben und schon bei kleinen Stückzahlen kann von guten Preisen profitiert werden. Die Schwierigkeit bei Normteilen liegt darin, zu prüfen, ob die Norm wirklich alle benötigten Eigenschaften des Teils abdeckt.

Beispiel:

In einem Motor setzten wir Scheiben aus V2A-Edelstahl ein, die einer ISO-Norm entsprachen. Da im Motor starke Magnete verbaut waren, war es wichtig, dass die Scheiben nicht magnetisierbar sind. Die Entwickler waren der Meinung, diese Eigenschaft sei dadurch abgedeckt, dass als Material V2A vorgegeben war. 20 Jahre lang hatte dies gut funktioniert. Plötzlich fielen jedoch massenhaft Motoren in der Endprüfung durch Klappern auf. Bei der Ursachenanalyse wurde festgestellt, dass die neueste Lieferung der Edelstahlscheiben deutlich einfacher zu magnetisieren war als die Chargen in den Jahren davor. Wir fanden heraus, dass die Bezeichnung V2A nicht spezifisch genug war, denn unter dieser Bezeichnung waren auch Edelstahlsorten erlaubt, die den von uns benötigten Eigenschaften nicht genügten. Das Standard-Normteil wich demnach in einem Punkt von unseren Anforderungen ab.

1.4.4 Produkteigenschaften anstatt Fertigungsverfahren festlegen

Ein Produkt soll bestimmte Eigenschaften aufweisen. Diese können mitunter durch verschiedene Fertigungsverfahren erreicht werden. Wird spezifiziert, wie genau ein Produkt gefertigt werden soll, werden andere, womöglich geeignetere Fertigungsverfahren ausgeschlossen.

Beispiel:

Wir benötigten eine Aluminiumplatte, an der Epoxidharz gut haften sollte. Daher war die Oberfläche in der technischen Zeichnung mit dem Hinweis »sandgestrahlt« versehen. Beim Sandstrahlen handelt es sich jedoch um ein relativ aufwendiges Verfahren. Der Lieferant fragte nach, ob er die Rauheit auch mit einer Bürsten-Entgratmaschine herstellen könne, was den Zweck ebenfalls erfüllte und deutlich günstiger war. Es wäre also sinnvoller gewesen, den gewünschten Rauheitswertebereich der Oberfläche zu spezifizieren, anstatt Sandstrahlbearbeitung vorzugeben.

Daher sollten in der Regel die Eigenschaften und nicht die Fertigungsverfahren spezifiziert werden. Auch bei der Wertanalyse (siehe Seite 34 ff.) wird nach dieser Logik gearbeitet.

Es existiert jedoch folgendes Dilemma: Hin und wieder beherrschen einzelne Lieferanten effiziente Fertigungsprozesse, die von wenigen oder gar keinen anderen Lieferanten beherrscht werden. Den besten Preis zu erhalten, kann bedeuten, das Bauteil an diesen Fertigungsprozessen anzupassen. Dadurch wären aber viele andere Lieferanten bei der Angebotsabgabe nicht mehr wettbewerbsfähig, wenn sie diese Fertigungsprozesse nicht beherrschen.

> **Beispiel:**
>
> Wieder verwendeten wir ein Bauteil, das eine bestimmte Rauheit aufweisen sollte. Durch Fräsen war das Bauteil an der betreffenden Stelle zu glatt, sodass es zusätzlich aufgeraut werden musste. Jedoch konnte das Bauteil modifiziert werden, wodurch ein Wasserstrahlschnitt das Fräsen ersetzte. Die wasserstrahlbearbeitete Oberfläche wies eine ausreichende Rauheit auf. Das Wasserstrahleschneiden war günstiger als die beiden alternativen Schritte Fräsen und Aufrauen. Allerdings konnte von all unseren Lieferanten nur ein einziger Wasserstrahlbearbeitung intern vornehmen, alle anderen Mechaniklieferanten waren entweder auf Fräsen beschränkt oder mussten das Wasserstrahlschneiden extern erledigen lassen.

Demnach gibt es Fälle, in denen eine Entscheidung zwischen einerseits niedrigen Kosten und andererseits Flexibilität bei der Auswahl von Lieferanten getroffen werden muss. Die Antwort darauf kann unterschiedlich ausfallen.

1.4.5 Seriensicherheit beachten

Die Montage der ersten Prototypen eines neuen Produkts erfolgt oftmals von den Entwicklern selbst. Diese wissen genau, welche Funktion jedes einzelne Bauteil hat und auf welche Merkmale besonderes Augenmerk zu legen ist. Spezifikationen und Arbeitsanweisungen für die Serienfertigung sollten aber stets so gestaltet sein, dass sie für die Monteure selbsterklärend sind – und zwar auch dann, wenn diese die Funktionen des Gesamtsystems überhaupt nicht verstehen.

Bei der Entwicklung eines Produkts ist nicht immer klar, wie hoch die zukünftigen Stückzahlen sein werden. Auch dann, wenn die Stückzahlen stark steigen sollten, muss eine seriensichere Produktion gewährleistet sein.

> **Beispiel:**
>
> In einem Elektromotor wurde eine Druckfeder eingesetzt, die ein anderes Teil wegdrücken sollte. Um die Funktion zu gewährleisten, musste bei der Montage der obere Teil der Feder mit einer Pinzette aufgebogen werden. Dazu gab es eine

Anweisung mit Fotos. Immer wieder kam es bei der Serienproduktion vor, dass dieser Fertigungsschritt nicht ordnungsgemäß ausgeführt wurde. Vermutlich war einigen Fertigungsmitarbeitern nicht klar, welchen Zweck das Zurechtbiegen hatte. Dazu kam, dass nach dem Zurechtbiegen nicht mit einfachen Mitteln nachgemessen werden konnte, ob dieser Fertigungsschritt ordnungsgemäß erfolgt war. Der Prozess war nicht für Großserien mit mehreren tausend Stück pro Jahr geeignet.

1.4.6 Umfang der Spezifikation

Eine perfekte Spezifikation beschreibt ein Produkt vollumfänglich. Doch leider bleibt eine solche Spezifikation meist ein Wunschtraum, denn die personellen Ressourcen zur Erstellung einer solchen Spezifikation sind selten vorhanden. Aussagen wie »Das muss nicht spezifiziert werden, das ist Stand der Technik.« oder »Das ist ja klar, dass das so sein muss.« sind immer wieder von Entwicklern zu hören. In der Tat gibt es hierzu gesetzliche Regelungen. In § 434 BGB (Bürgerliches Gesetzbuch) heißt es beispielsweise:

> (1) Die Sache ist frei von Sachmängeln, wenn sie bei Gefahrübergang den subjektiven Anforderungen, den objektiven Anforderungen und den Montageanforderungen dieser Vorschrift entspricht.
> (2) Die Sache entspricht den subjektiven Anforderungen, wenn sie
> 1. die vereinbarte Beschaffenheit hat,
> 2. sich für die nach dem Vertrag vorausgesetzte Verwendung eignet und
> [...]

Es ist daher wichtig, dass dem Lieferanten der Verwendungszweck mitgeteilt wird. Dazu eignen sich beispielsweise Qualitätssicherungsvereinbarungen oder Rahmenverträge. Schon in der Präambel des jeweiligen Vertrags kann festgelegt werden, zu welchem Zweck eine gemeinsame Zusammenarbeit erfolgen soll. Einerseits wird dadurch die Wahrscheinlichkeit, dass ein Fehler auftritt, gesenkt, anderseits kann im Schadensfall der Lieferant leichter verantwortlich gemacht werden.

Beispiel 1:

Mithilfe von Linsen kann ein Laserstrahl so stark fokussiert werden, dass eine Materialbearbeitung des Werkstücks am Fokuspunkt ermöglicht wird. Nachdem wir die dafür geeigneten Geräte seit Jahren verkauft hatten, erhielten wir auf einmal diverse Kundenreklamationen: Die Kunden konnten ihr Material nicht bearbeiten, der Laserstrahl wurde nicht mehr stark genug fokussiert. Die Ursachenanalyse ergab, dass die Linsen eines bestimmten Lieferanten zu viel Licht absorbierten, dadurch erwärmten sie sich stark, was wiederum dazu führte, dass der Strahl an der falschen Stelle fokussiert wurde. Wie viel Licht die Linsen absorbieren durften, war aber nicht spezifiziert worden. Man war davon ausgegangen, dass alle Laserlinsen die geforderten Werte erfüllen würden. Messungen ergaben jedoch, dass die Absorption um Faktor 100 über dem lag, was erwartet worden war. Der Lieferant konnte nicht haftbar gemacht werden. Er konnte nicht wissen, dass mit den Linsen Materialbearbeitung erfolgen sollte. Die Linsen hätten beispielsweise auch für Lasershows eingesetzt werden können, wofür die Qualität ausgereicht hätte. Unser Schaden war groß: Wir mussten viel Geld für schnelle Ersatzlieferungen von Linsen bezahlen, dazu kamen Schadensersatzzahlungen an Kunden, vom Vertrauensverlust seitens der Kunden ganz zu schweigen.

Beispiel 2:

Auch bei der Bundeswehr gibt es einen bekannten Fall, in dem es um nicht spezifizierte Funktionen ging. Es wurde festgestellt, dass die Treffgenauigkeit des Gewehrs G36 insbesondere bei hohen Temperaturen nach langem Dauerfeuer nachlässt. Dem Hersteller Heckler & Koch wurde vorgeworfen, mangelhafte Ware geliefert zu haben. Die Bundeswehr hatte jedoch versäumt, die Treffgenauigkeit genau zu spezifizieren. Zudem konnte der Hersteller zum Zeitpunkt der Vertragsschließung davon ausgehen, dass die Gewehre in Deutschland und nicht etwa im viel wärmeren Afghanistan eingesetzt werden würden. Ein Gericht entschied daher, dass keine negativen Abweichungen der Eigenschaften und Anforderungen der streitgegenständlichen Versionen des Sturmgewehres G36 gegenüber der vertraglich vorausgesetzten Beschaffenheit bestehen. (LG Koblenz, 02.09.2016 – 8 O 198/15)

1.4.7 Designrichtlinien für eine einheitliche Produktentwicklung

Unternehmensweite Designrichtlinien können für eine einheitlichere Produktentwicklung über Mitarbeiter- und Abteilungsgrenzen hinweg sorgen. In den Richtlinien kann definiert werden, nach welchen Vorgaben Produkte zu entwickeln sind – einige Beispiele für die Notwendigkeit wurden eben bereits genannt.

In den Designrichtlinien könnte beispielsweise stehen, dass als Schraubenköpfe ausschließlich Innensechsrund (auch bekannt unter dem Markennamen Torx) oder Innensechskant (auch bekannt als Markenname Inbus) zu verwenden sind. Dadurch kann die Anzahl der in der Fertigung verwendeten Schraubendreher reduziert werden und Montagezeiten können verkürzt werden.

Beispiel:

Um bei elektronischen Bauteilen (wie beispielsweisen Widerständen oder Kondensatoren) für Einheitlichkeit zu sorgen, gibt es verschiedene sogenannte E-Reihen. In jeder Reihe sind die Eigenschaftswerte nach einem gleichmäßigen Schema abgestuft. Bei den Reihen E3, E6 und E12 gibt es bei einem Widerstand beispielsweise folgende Werte (Werte jeweils in Ohm und auf eine Nachkommastelle genau angegeben):

E3:	1,0				2,2				4,7				10
E6:	1,0		1,5		2,2		3,3		4,7		6,8		10
E12:	1,0	1,2	1,5	1,8	2,2	2,7	3,3	3,9	4,7	5,6	6,8	8,2	10

Eine E3-Reihe bietet daher in einer Dekade weniger mögliche Werte an als eine E6- oder gar eine E12-Reihe. Der Vorteil ist, dass weniger verschiedene Bauteile eingesetzt werden und die Teilevielfalt geringer gehalten wird. Auch die Rüstkosten bei der Bestückung sind niedriger. Der Nachteil liegt jedoch darin, dass Zwischenwerte durch Reihen- und Parallelschaltungen der verfügbaren Bauteile erzeugt werden müssen, es muss also eine höhere Anzahl an Bauteilen verwendet werden und auch der Bestückungsvorgang nimmt mehr Zeit in Anspruch. Egal für welche E-Reihe die Entscheidung fällt, das Ergebnis sollte in den Designrichtlinien festgehalten werden.

Darüber hinaus ist es wichtig, dass die Entwicklungsabteilung (bzw. einzelne ausgewählte Mitarbeiter) einen Überblick über die relevanten, aktuell gültigen Normen hat.

Beispiel:

Bei der Bestellung von Schrauben erfuhren wir, dass diese Schrauben schon bald nicht mehr lieferbar sein würden, weil der Hersteller die Produktion eingestellt hatte. Sie basierten noch auf einer alten DIN-Norm, vor über 10 Jahren war diese jedoch schon durch eine ISO-Norm abgelöst worden, nach der nun alle Hersteller produzierten. Leider waren die Schraubenköpfe bei den neuen Schrauben gemäß ISO-Norm etwas größer, wodurch die Schrauben nicht mehr in das Gehäuse des Produktes passten. Auch in allen Neuprodukten der letzten 10 Jahre war die alte Schraube noch verwendet worden. Natürlich hätten wir uns weiterhin die DIN-Schrauben kundenspezifisch fertigen lassen können – damit wäre aber aus dem Normteil ein Zeichnungsteil geworden, was abgesehen vom hohen Preis vielerlei weitere Nachteile gehabt hätte.

Ein weiterer Punkt ist eng verwandt damit: Der Einkauf und die Entwicklungsabteilung sollten nicht nur wissen, welche Normen aktuell sind, sondern ebenso über sonstige Trends Bescheid wissen, um so die richtigen Teile auswählen zu können.

> **Beispiel 1:**
>
> Die Miniaturisierung von Elektronikbauteilen hält schon seit Jahrzehnten an. War früher ein Kondensator mit einer Kapazität von beispielsweise 1 µF (Mikrofarad) noch zentimetergroß, so ist er heute in Größen von weit unter einem Millimeter erhältlich. Bauteile, die früher gängig waren, können dann früher oder später auch abgekündigt werden. Daher ist es wichtig, diese Trends zu kennen und Bauteile einzusetzen, die noch viele Jahre produziert werden[1] – auch so etwas kann in den Designrichtlinien festgehalten werden.

> **Beispiel 2:**
>
> Die meisten Automobilhersteller verbauten in ihren Autos Elektronikchips mit relativ großen Strukturbreiten, wie sie 10 bis 15 Jahre zuvor Stand der Technik gewesen waren. Aus technischer Sicht ist dagegen nichts einzuwenden. Im Zuge der Chipknappheit seit dem Jahr 2021 bauten die Halbleiterhersteller jedoch fast ausschließlich Fertigungskapazitäten bei modernen Technologien aus, sodass die Automobilhersteller lange Zeit unter Engpässen litten. Die Unterhaltungselektronikindustrie überstand die Krise deutlich besser, da dort modernere Technologien eingesetzt wurden.

1.5 Wie weit sind Spezifikation auszureizen?

Manche Lieferanten liefern Qualität, die gerade so die Spezifikation erfüllt, andere wiederum liefern eine deutlich höhere Qualität. Zu welchen Problemen dies in der Praxis führen kann, soll das folgende Beispiel veranschaulichen.

> **Beispiel:**
>
> Je unebener ein Laserspiegel ist, desto schlechter wird die Strahlqualität des reflektierten Laserstrahls. Die Unebenheit wird von der höchsten zur niedrigsten Stelle des Spiegels gemessen und der Wert in nm (Nanometer) angegeben. Je

1 Prognosen für Abkündigungen können mittels Software ausgegeben werden – ein bekanntes Beispiel dafür ist das kostenpflichtige SiliconExpert.

niedriger der gemessene Wert, desto höher die Qualität des Spiegels. In diesem Beispiel sind maximal 100 nm Unebenheit zulässig. Bei der Vermessung von jeweils 5 Spiegeln von 3 verschiedenen Lieferanten ergeben sich Messwerte wie in Abbildung 2 dargestellt. Lieferant A liefert demnach Qualität, welche die Spezifikation gerade so erfüllt. Lieferant B liefert Ware, die eine wesentlich bessere Qualität aufweist als in der Spezifikation gefordert. Lieferant C hat die größte Streuung. Bis auf einen Wert liegen hier alle Werte innerhalb der Spezifikation. Bei welchem Lieferanten sollte eingekauft werden, wenn der Preis bei allen der gleiche wäre?

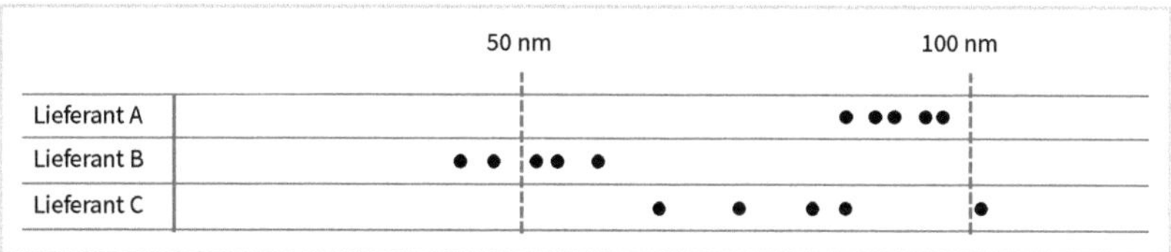

Abb. 2: Messwerte von Ebenheiten von Spiegeln, maximal 100 nm Unebenheit erlaubt

Auf den ersten Blick scheint es so, als wäre es stets von Vorteil, bei Lieferant B anstatt bei Lieferant A einzukaufen. In der Praxis könnte sich dann aber das Problem ergeben, dass die Kunden annehmen, die Qualität sei immer so gut und dies sei auch bei zukünftigen Lieferungen erwarten. Ein Wechsel zu Lieferant A wäre dann nicht mehr leicht möglich, obwohl auch dieser Teile gemäß Spezifikation liefern würde.

Es könnte sinnvoll sein herauszufinden, ob sich Lieferant B überhaupt im Klaren darüber ist, dass er Teile liefert, welche die Spezifikation weit übererfüllen. Die Gründe könnten in einem anderen Messverfahren liegen. Dann könnte es sinnvoll sein, die Qualität zugunsten günstigerer Preise zu reduzieren.

Hin und wieder kommt es vor, dass die Messverfahren nicht aufeinander abgestimmt werden können, beispielsweise wenn mit verschiedenen Normen oder Messgeräten gearbeitet wird. Dann kann es sinnvoll sein, dem Lieferanten ein sogenanntes Grenzmuster bereitzustellen. Das Grenzmuster ist ein Teil, das die Spezifikation gerade noch erfüllt. Es kann dem Lieferanten als Referenz dafür dienen, welche Qualität der Kunde wünscht.

1.6 Spezifikationen nicht mit Zusatzabsprachen ergänzen

Idealerweise werden sämtlich Eigenschaften, die ein Teil beschreiben, in der Spezifikation festgehalten. Daneben sollte es keine Zusatzabsprachen jeglicher Art geben. Die Realität sieht leider anders aus.

Beispiel 1:

Nachdem wir den Lieferanten für die Gehäuse eines Elektromotors gewechselt hatten, kam es in der Fertigung zu großen Problemen: Die Anschlussdrähte brachen an einer scharfen Kante ab, weil an der Kante keine Fase angebracht worden war. Obwohl die Teile in der Vergangenheit mit dieser Fase geliefert worden waren und die Fase technisch auch notwendig war, war sie in der Zeichnung nicht angegeben. Die Recherche ergab, dass es in der Vergangenheit zu einer Unstimmigkeit zwischen dem vorherigen Einkäufer und dem Entwickler gekommen war. Daher hatte der vorherige Einkäufer dem Lieferanten per E-Mail mitgeteilt, dass er zukünftig abweichend zur Spezifikation eine Fase anbringen sollte. Diese Information war weder dem neuen Einkäufer noch dem neuen Lieferanten bekannt. Daher waren tausende Teile produziert worden, die nicht verwendbar waren und auch nicht nachgearbeitet werden konnten. Da zudem schon hunderte Systeme mit den fehlerhaften Teilen aufgebaut worden waren, war der Schaden beträchtlich.

Beispiel 2:

Wir wechselten den Lieferanten für ein Elektrogerät, das diverse Leiterplatten enthielt. Der neue Lieferant fragte uns, ob die Leiterplatten wirklich nicht zum Schutz lackiert werden sollten, so wie es auf Fotos des Gerätes ersichtlich war, die wir ihm ein paar Wochen zuvor geschickt hatten. In der Spezifikation war die Lackierung nicht angegeben. Wir fanden heraus, dass auch schon der vorherige Lieferant diese Frage gestellt hatte. Es gab hierfür eine telefonische Freigabe, die Spezifikation war aber nicht angepasst worden.

Das Problem beschränkt sich leider nicht nur auf kleine Unternehmen oder unerfahrene Mitarbeiter. Häufige Fälle sehen beispielsweise so aus:

- Es gibt eine E-Mail vom Einkäufer oder vom Entwickler an den Lieferanten, in der abweichend zur Spezifikation Änderungen freigegeben werden.
- Eine telefonische Rückfrage eines Lieferanten bei einer Unklarheit in der Spezifikation wird zwar beantwortet, die Spezifikation aber nicht angepasst.
- Es werden Eigenschaften der Verpackung gefordert, ohne dass dies in einer Spezifikation vermerkt wird. Richtig wäre hingegen, in der Spezifikation auf bestimmte Verpackungsvorschriften zu verweisen.

Eng verwandt damit ist ein weiterer Fall, der auf ein ähnliches Problem zurückzuführen ist: Es werden Spezifikationen versendet, die jedoch unter keinen Umständen für eine Serienproduktion verwendet werden dürfen. Beispielsweise könnten die Daten nur versendet worden sein, damit der Lieferant die grundsätzliche Machbarkeit eines Produktes prüfen kann. Hier ist es wichtig, dass groß und deutlich auf der Spezifikation geschrieben ist: »NUR ZUR ANFRAGE!«. Andernfalls kann es vorkommen, dass vergessen wird, die Spezifikation vor Beginn der Produktion noch einmal anzupassen.

Beispiel:

Bei Leiterplatten ist es üblich, sogenannte Bestückungsdruckdaten anzubringen, mit denen die Positionen der Bauteile markiert werden. Der Widerstand Nummer 123 bekommt dann beispielsweise die Bezeichnung R123. Da es gar nicht so einfach sein kann, auf vollbepackten Leiterplatten einen freien Platz für die Beschriftung neben dem Bauteil zu finden, kann während der Entwicklung die Beschriftung zunächst auf den Stellen angebracht werden, auf denen die Bauteile Platz finden sollen, da es womöglich noch Änderungen geben wird. Spätestens bei Produktionsbeginn müssen die Daten aber neben den Bauteilen angebracht werden. Wären sie unter den Bauteilen angebracht, könnte dies dazu führen, dass der elektrische Kontakt durch die Bedruckung nicht korrekt hergestellt ist. In Abbildung 3 ist ein Beispiel zu sehen: Auf der linken Seite waren die Druckdaten auf den Lötflächen angebracht worden. Die Daten wurden jedoch in diesem Fall ohne Hinweise, dass es sich um vorläufige Daten handelt, an den Lieferanten versendet. Nur durch eine Nachfrage des Lieferanten konnte fehlerhaft produzierte Ware verhindert werden. Rechts ist ein anderes Beispiel zu sehen, bei dem die Druckdaten ordnungsgemäß platziert wurden.

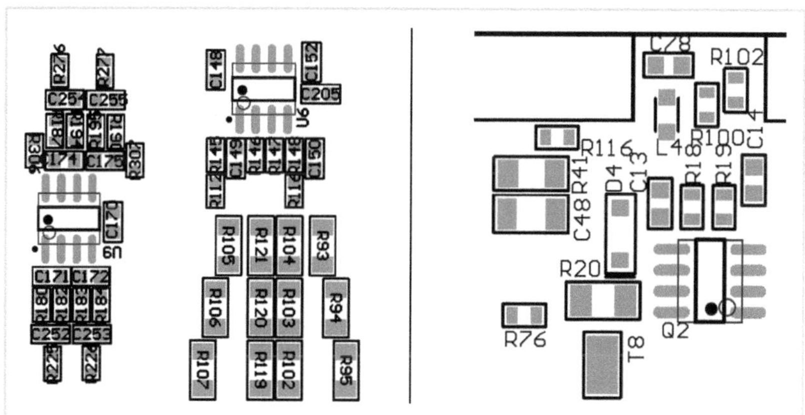

Abb. 3: Bestückungsdruckdaten von zwei verschiedenen Leiterplatten – die linke Version sollte auf keinen Fall so produziert werden, da Druckdaten auf den Lötflächen platziert sind

Es kann gar nicht oft genug wiederholt werden, dass eine Bestellung nur bei klar festgelegter Spezifikation erfolgen sollte. Dennoch gibt es häufige Diskussionen zwischen Einkäufern und Entwicklern darüber, ob eine Spezifikation gut genug ist. Spätestens, wenn auch dem Lieferanten bestimmte Dinge aus der Spezifikation nicht klar sind, sollte nachgebessert werden.

1.7 Änderungswesen

Jede Änderung an einem Produkt kann zu Risiken führen, die auf den ersten Blick nicht ersichtlich sind. Daher ist es wichtig, einen Änderungsprozess zu etablieren, der einerseits Risiken so gut wie möglich offenlegt, andererseits aber auch nicht dazu führt, dass die Hemmschwelle für Änderungen so stark hochgesetzt wird, dass Mitarbeiter keine Änderungen mehr anstoßen wollen.

> **Beispiel:**
>
> Ein Konstrukteur führt an einem bestehenden Produkt, das seit vielen Jahren verkauft wird, ohne Rücksprache mit anderen Abteilungen eine mechanische Änderung durch, die er als unkritisch erachtet. Ein Kunde setzt dieses Produkt jedoch im Medizinbereich ein. Mit dem Kunden wurde eine Qualitätssicherungsvereinbarung abgeschlossen, die beinhaltet, dass der Kunde jeder Änderung zustimmen muss. Der Entwickler weiß jedoch nichts von dieser Qualitätssicherungsvereinbarung und es gibt auch keinen anderen Prozess, der diese Änderung verhindern würde.

Eine Möglichkeit zur Risikoabsicherung besteht darin, sogenannte Änderungsanträge zu implementieren. Eine Person reicht einen Antrag ein, für dessen Bearbeitung es aber auch der Mitarbeit von anderen Abteilungen bedarf. Diese müssen ihre Kompetenz einbringen und den Änderungsvorschlägen ebenfalls zustimmen. Ein Änderungsantrag kann beispielsweise Folgendes enthalten:

- Beschreibung der Änderung,
- Aufwandsschätzung (Zeit, Material, Einmalkosten ...),
- Risikoabschätzung,
- benötigte Freigaben für die Durchführung,
- Art der Durchführung und Dokumentation,
- Umgang mit Restlagerbeständen und laufenden Bestellungen,
- Qualifizierung und Tests des geänderten Produkts (dabei auch Einbindung des Lieferanten sowie Bewertung auf Serientauglichkeit),
- benötigte Freigaben für den Abschluss des Änderungsvorgangs.

Selbstverständlich sollte der komplette Änderungsvorgang nach Abschluss archiviert werden.

> **Beispiel:**
>
> Für ein elektronisches Gerät mit hoher Leistung, das einen Kühlkörper benötigte, verwendeten wir ein Standardgehäuse eines Kataloghändlers. Um den Kühlkörper zu befestigen, mussten Löcher für die Schrauben im Gehäuse angebracht werden,

was in Abbildung 4 grafisch verdeutlicht wird (die Löcher befinden sich an den Stellen, an denen die Schraubenköpfe im montierten Zustand vorhanden sind).

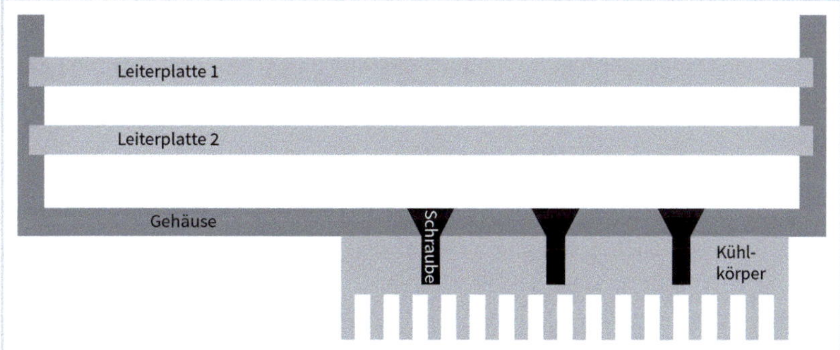

Abb. 4: Gerät vor Durchführung der Änderung mit versenkten Schrauben

Der Gehäusehersteller konnte jedoch keine konischen Senkungen anbringen, dazu musste das Gehäuse erst zu einem weiteren Lieferanten geschickt werden, was zu erhöhten Kosten führte. Das Anbringen von gewöhnlichen, zylindrischen Bohrungen wäre jedoch möglich gewesen. Daher hatten wir die Idee, die Senkungen durch gewöhnliche Bohrungen zu ersetzen und gleichzeitig von Senkkopfschrauben auf Flachkopfschrauben zu wechseln. Die Situation nach der Änderung ist in Abbildung 5 dargestellt.

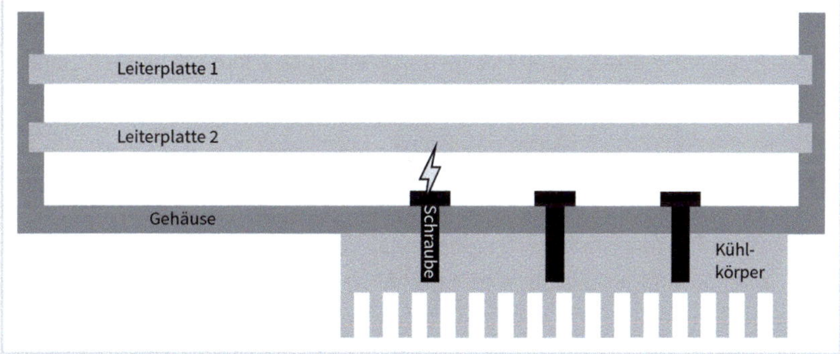

Abb. 5: Gerät nach Durchführung der Änderung: Möglicher Spannungsüberschlag zwischen Leiterplatte und Schraube

Im Verlauf des Änderungsprozesses wurde festgestellt, dass die Schrauben damit näher an Leiterplatte 2 heranrückten, was zu einem Spannungsdurchschlag führen könnte (in Abbildung 5 durch den Blitz dargestellt). Der in den Änderungsprozess eingebundene Elektronikentwickler stellte jedoch fest, dass der Abstand aufgrund der Spannung von lediglich 60 Volt auf der Leiterplatte weiterhin problemlos ausreichte. Daher war es von Vorteil, dass wir den Änderungsprozess durchlaufen hatten, denn der Elektronikentwickler konnte kompetent seinen Beitrag zum Änderungsantrag leisten.

1.8 Wertanalyse: Kosten senken und Produkte verbessern

Lawrence D. Miles ist der Begründer der Wertanalyse. Während des zweiten Weltkriegs arbeitete er in der Einkaufsabteilung von General Electric. Die Kriegs- und Nachkriegszeit war von Mangel geprägt, es fehlten Rohstoffe und Arbeitskräfte. Wenn Lawrence D. Miles etwas, das er kaufen wollte, nicht bekommen konnte, stellte er immer wieder die Frage[2]:

> *If I can't get the product, I have to get the function. How can you provide the function by using some machine or labor or material that you can get?*

Er hatte erkannt, dass Produkte unabhängig von deren kundenrelevanten Funktionen betrachtet werden können. Daraus wurde ein systematischer Ansatz namens Wertanalyse entwickelt.

1.8.1 Grundlagen der Wertanalyse

Zur Verdeutlichung der Ideen der Wertanalyse sollen als Beispiel die Funktionen eines Kugelschreibers betrachtet werden: Der Kugelschreiber soll Linien zeichnen können, gut in der Hand liegen, eine Befestigungsmöglichkeit haben und die Mine beim Transport schützen. Diese Funktionen können durch unterschiedliche Konzepte erreicht werden. Der Schutz der Mine beim Transport wird beispielsweise durch eine abnehmbare Schutzkappe erreicht, alternativ durch einen Druckknopf, dessen Betätigung zum Einfahren der Mine führt.

Das Konzept der Wertanalyse dient dazu, den Wert von Produkten zu erhöhen. Der Wert eines Produktes ist umso größer, je höher der Nutzen und je geringer die dafür eingesetzten Ressourcen sind. Das Ziel eines Wertanalyseprojekts können also sowohl Kostensenkungen als auch eine Erhöhung des Kundennutzens sein. Ein angenehmer Nebeneffekt liegt in der Verkürzung von Entwicklungszeiten.

Produkte werden oft mit dem Ziel entwickelt, zunächst einen möglichst hohen Gebrauchswert für die Kunden zu schaffen. Erst im zweiten Schritt erfolgt die Kostenoptimierung. Mithilfe der Wertanalyse kann beides simultan bei der Produktentwicklung geschehen. Aber auch zur Optimierung von bestehenden Produkten kann eine Wertanalyse dienen, wenngleich das schwieriger als bei der Produktentwicklung ist.

2 Quelle: Lawrence D. Miles: Recollections. Lawrence D. Miles Foundation, Eleanor Miles.

1.8.2 Ablauf von Wertanalyseprojekten

Wertanalyseprojekte sind aufwendig. Typischerweise gibt es mehrere moderierte Arbeitssitzungen mit Teilnehmern aus verschiedenen Funktionsbereichen. Da die Moderation anspruchsvoll ist, werden dazu interne oder externe Wertanalytiker eingesetzt. Der VDI bietet beispielsweise Qualifizierungen für Wertanalytiker an. Zudem gibt es umfangreiche Literatur zum Thema. Am Ende des Buchs im Kapitel »Weiterführende Literatur« finden Sie dazu einen Buchtipp. Es gibt sogar Normen, in denen die Vorgehensweise beschrieben ist. Nach DIN EN 12973 / VDI 2800 läuft ein Wertanalyseprojekt in folgenden 10 Schritten ab:

0. Vorbereitung des Projektes
1. Projektdefinition
2. Planung
3. Umfassende Daten über die Studie sammeln
4. Funktionenanalyse, Kostenanalyse, Detailziele
5. Sammeln und Finden von Lösungsideen
6. Bewertung der Lösungsideen
7. Entwicklung ganzheitlicher Vorschläge
8. Präsentation der Vorschläge
9. Realisierung

1.8.3 Bewährte Fragen bei Wertanalyseprojekten

Nachfolgend ein paar bewährte Fragen, die im Laufe eines Wertanalyseprojektes hilfreich sein können:

- Sind bestimmte Eigenschaften überdimensioniert?
- Kann auf bestimmte Funktionen verzichtet werden?
- Können Funktionen durch andere Teile übernommen werden?
- Können Toleranzen erweitert werden?
- Können Spezialteile durch Normteile ersetzt werden?
- Gibt es günstigere Teile mit ähnlichen Funktionen?
- Kann ein komplexes Teil aus günstigen Einzelteilen zusammengesetzt werden?
- Können andere Materialien eingesetzt werden?
- Kann der Fertigungsprozess vereinfacht werden?
- Können Teile mithilfe anderer Fertigungsverfahren hergestellt werden?
- Kann Abfall bei der Herstellung vermieden oder wiederverwendet werden?
- Kann die Verpackung optimiert werden?

Es folgt eine kleine Übung, um die Prinzipien der Wertanalyse zu veranschaulichen.

Übungsaufgabe: Wertanalyse

Aufgabe

Zählen Sie bei einem Bürostuhl alle zwingend notwendigen Hauptfunktionen sowie optionale Nebenfunktionen auf.

Lösung

Die Hauptfunktionen sind:

- Sitzen gewährleisten
- Bescheinigte Sicherheit durch GS-Zeichen (z. B. Standsicherheit)

Mögliche Nebenfunktionen sind:

- Drehmöglichkeit
- Längeres Sitzen ohne Rückenbeschwerden möglich
- Bequemes Sitzen möglich
- Möglichkeit des Zurücklehnens
- Anpassung für verschiedene Körpergrößen
- Wartungsfreiheit
- Lange Haltbarkeit
- Transportiermöglichkeit
- Design passend zum restlichen Mobiliar
- Reinigungsmöglichkeit

Als Nächstes würde abgeschätzt werden, wie groß der Kundennutzen für jede einzelne Funktion ist und was die Bereitstellung jeder Funktion kostet. Womöglich gibt es Funktionen, die zwar teuer zu bewerkstelligen sind, für den Kunden aber einen geringen Nutzen haben. Auf diese kann eventuell verzichtet werden. Eine radikale Lösung für dieses Beispiel könnte beispielsweise sein, dass zukünftig Sitzbälle verwendet werden.

1.8.4 Anwendung der Wertanalyse auf andere Bereiche

Bestimmte Merkmale der Wertanalyse haben auch Einzug in andere Bereiche gefunden. Bei Kundenprojekten wird häufig ein Lastenheft und ein Pflichtenheft erstellt. Ein Lastenheft beschreibt, ausgehend von den Kundenanforderungen, das »Was?« und geht darauf ein, welche Funktionen erfüllt werden müssen. Das darauf entstehende Pflichtenheft beschreibt das »Wie?« und geht darauf ein, durch welche Lösungen die Funktionen erfüllt werden können.

Beispiel:

Im Lastenheft sollte nicht »Bleche verschrauben« stehen, da dies nicht lösungsneutral ist. Stattdessen wäre die allgemeinere Variante »Teile verbinden« zu verwenden. Erst im Pflichtenheft sollte die konkrete Ausgestaltung beschrieben werden.

1.9 Ist Fremdfertigung sinnvoll?

Das Thema Fremdfertigung hört sich zunächst nicht nach einem Thema für die Produktentwicklung an. Es wird sich jedoch gleich zeigen, dass viele Weichenstellungen schon während der Produktentwicklung erfolgen müssen, daher wird das Thema in diesem Unterkapitel behandelt.

1.9.1 Modulare Beschaffung

Von modularer Beschaffung (auch »Modular Sourcing«) wird gesprochen, wenn ganze Baugruppen bzw. Module fertig produziert eingekauft werden. Seit mehreren Jahrzehnten hält der Trend an, immer mehr Module oder sogar komplette Geräte extern fertigen zu lassen. In der Automobilindustrie werden viele Module, wie beispielsweise Sitze, fertig angeliefert und dann nur noch eingebaut. Unternehmen wie Apple oder Qualcomm zeigen sogar, dass es nicht einmal zwingend notwendig ist, eine eigene Fertigung zu betreiben.

Die Vorteile, die sich aus modularer Beschaffung ergeben können, sind beispielsweise:

- Die Anzahl der Lieferanten verringert sich, da die Modullieferanten die Koordination mit den Komponentenherstellern übernehmen. Es kann jedoch auch von Vorteil sein, bestimmte Komponentenhersteller vorzugeben oder bei der Kommunikation unterstützend tätig zu sein.
- Die Lagerkosten sind aufgrund der geringeren Teileanzahl niedrig.
- Weniger verschiedene Teile müssen beschafft werden, was sich in einem verringerten Aufwand für die Beschaffung sowie einer verminderten Zahl von Wareneingangsprüfungen niederschlägt.

Es gibt aber auch eine Reihe von Nachteilen:

- Die Konstruktion der Produkte muss so erfolgen, dass sie modular aufgebaut sind, wodurch der Produktionsaufwand womöglich steigt.
- Der Abstimmungsaufwand mit dem Modullieferanten kann mitunter sehr hoch sein.

- Die Erstellung der Spezifikationen kann erschwert werden. Besonders in kleineren Unternehmen sollte dies nicht unterschätzt werden.
- Falls die Ware einer Wareneingangsprüfung unterzogen werden soll, kann sich die Prüfung bei komplexen Modulen schwierig gestalten.
- Lieferantenwechsel werden erschwert.
- Es kann ein Know-how-Verlust stattfinden, da Kompetenz vermehrt beim Lieferanten aufgebaut wird.
- Die Verantwortung für die Beschaffung der Stücklistenteile liegt beim Modullieferanten. Wenn dieser die Beschaffung einzelner Teile nicht im Griff hat, kann es sein, dass Module nicht mehr geliefert werden können oder die Qualität schwankt. Zudem besteht die Gefahr, dass der Lieferant Änderungen in der Beschaffung nicht kommuniziert.

Aus Kostensicht lässt sich keine allgemeine Aussage darüber treffen, ob eine modulare Beschaffung günstiger ist oder nicht, es kommt auf den Einzelfall an.

Die Überlegung, ob ein Produkt modular aufgebaut werden soll, sollte in der Entwicklungsphase erfolgen. Andernfalls besteht die Gefahr, dass das Produkt fertig entwickelt, aber so konzipiert ist, dass es nicht modular gefertigt werden kann.

1.9.2 Make-or-Buy-Entscheidungen

Eine Make-or-Buy-Entscheidung, also die Entscheidung darüber, ob ein Teil, ein Modul oder ein ganzes Produkt selbst produziert oder zugekauft werden soll, kann sehr schwierig sein und es sollte eine Vielzahl an Punkten in Betracht gezogen werden. Die Entscheidung muss häufig schon während der Entwicklungsphase eines Produktes getroffen werden, um bestimmte Sachverhalte bei der Entwicklung zu berücksichtigen. Im Folgenden wird für die wichtigsten Kriterien erläutert, was jeweils bei Eigenproduktion bzw. beim Zukauf zu beachten ist.

- **Kosten**
  Sollen die Kosten für die Eigenfertigung berechnet werden, ist eine Vollkostenrechnung der Fertigungskosten durchzuführen. Das bedeutet, dass beispielsweise auch die Gehälter der Fertigungsleiter oder die Kosten für das Fertigungsgebäude einfließen müssen (für mehr Details siehe auch »Exkurs: Die Zuschlagskalkulation« auf Seite 64). Gleiches gilt für die Beschaffungskosten bei der Variante Zukauf – hier sind beispielsweise die Gehälter der Einkäufer und die der Warenannahmemitarbeiter zu berücksichtigen. Eine niedrige Auslastung der eigenen Fertigungsabteilung kann eine Eigenfertigung kurzfristig attraktiver machen. Analog dazu wird ein Lieferant bei niedriger eigener Auslastung geneigt sein, bessere Preise anbieten, sodass eine Fremdfertigung für das beziehende Unternehmen attraktiver wird.

- **Liquidität**
  Der Aufbau einer eigenen Fertigungslinie ist mit hohen Investitionskosten verbunden – was Kapital bindet und somit die Liquidität schmälert. Bei Fremdfertigung stellen viele Lieferanten Einmalkosten (für Werkzeuge etc.) in Rechnung – in der Regel sind diese aber niedriger als die Investitionskosten bei eigener Fertigung.
- **Qualität**
  Bei Eigenfertigung wird die Produktqualität maßgeblich von der Güte der Produktionsprozesse bestimmt. Bei Fremdfertigung ist der Lieferant für diese Prozesse verantwortlich – eine Prüfung der Ware kann dennoch erfolgen, um die Qualität sicherzustellen. Die Qualität der Spezifikation ist sowohl bei Eigen- als auch bei Fremdfertigung entscheidend.
- **Produktionszeit**
  Bei Eigenfertigung ist die eigene Fertigungszeit maßgeblich, die unter anderem von der Auslastung abhängt. Bei Fremdfertigung ist die komplette Beschaffungszeit zu beachten, was auch die Transportzeit und eine eventuelle Verzollung umfasst, hier ist ebenfalls die Auslastung der Lieferanten zu beachten.
- **Image**
  Je stärker die eigene Kompetenz auf einem Gebiet von außen wahrgenommen wird, desto weniger sinnvoll ist eine Fremdfertigung aus Imagegründen. Automobilhersteller werben beispielsweise selten damit, dass sie bestimmte Teile bei Zulieferern einkaufen. Anders sieht es bei Smartphone-Herstellern aus: Diese werben bei den Kameramodulen häufig mit den Namen renommierter Kamerahersteller, die Entwicklung oder Fertigung übernommen haben.
- **Know-how**
  Der Aufbau von Know-how durch eine interne Fertigung ist ein nicht zu unterschätzender Faktor für die Kompetenz bei der Produktentwicklung. Eine Fremdfertigung hingegen hat den Vorteil, dass der Lieferant Know-how einsetzen kann, das im eigenen Unternehmen nicht vorhanden ist und womöglich auch nicht aufgebaut werden kann.
- **Flexibilität**
  Die Flexibilität bei Eigenfertigung ist oftmals höher, da die Abstimmung einfacher erfolgen kann. Bei einem eingespielten Verhältnis mit einem Lieferanten kann die Flexibilität bei Fremdfertigung aber auch groß sein.
- **Risiko**
  Je komplexer das Produkt ist, desto größer ist das Risiko, dass der Aufbau der eigenen Fertigung scheitert. Daher ist vor der Entscheidung gründlich zu überlegen, wie hoch dieses Risiko ist. Beim Aufbau der Fremdfertigung ist der Lieferant nach der Übertragung selbst verantwortlich – das finanzielle Risiko ist daher geringer, das Ausfallrisiko jedoch vorhanden – und zwar immer, nicht nur beim Anlaufen der Produktion.

1.10 Postponement – die Strategie des Aufschiebens

Mit Postponement wird eine Aufschubstrategie bezeichnet, mithilfe derer Entscheidungen so lange wie möglich herauszögert werden, um dann beispielsweise aufgrund genauerer Datenlage bessere Entscheidungen treffen zu können.[3] Eine Ausprägung im Zusammenhang mit der Fertigung ist, dass die Festlegung auf verschiedene Produktvarianten erst so spät wie möglich, und zwar am sogenannten Produktentkopplungspunkt, erfolgt. Vorprodukte können so schon produziert werden und erst nach der Kundenbestellung fertig konfiguriert werden. In Abbildung 6 ist dies dargestellt: Oben erfolgt eine Fertigung von zwei Produktvarianten unabhängig voneinander. Unten werden in den ersten beiden Fertigungsschritten Vorprodukte hergestellt – die Schritte sind hier in der Regel anders als im oberen Fall. Erst im letzten Fertigungsschritt erfolgt die Festlegung auf eine der beiden Produktvarianten.

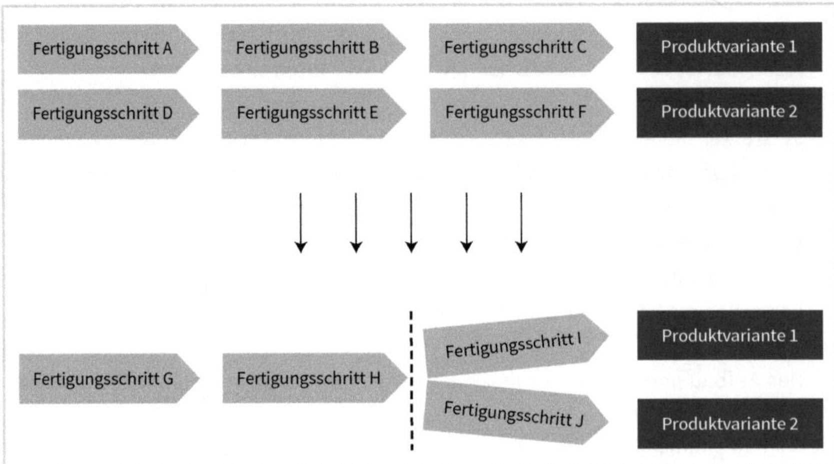

Abb. 6: Oben ursprünglicher Zustand, unten unter Anwendung von Postponement bzw. einer Aufschubstrategie

Beispiel 1:

Hersteller von Fernsehgeräten sind mit dem Problem konfrontiert, dass sich die verwendeten Netzteile je nach Verkaufsregion unterscheiden. Würden die Netzteile in die Geräte integriert werden, dann wäre eine enorme Variantenvielfalt an Geräten nötig. Stattdessen werden die Geräte meist so entwickelt, dass sich die Netzteile nicht in den Geräten befinden, sondern per Stecker angeschlossen werden können. Dadurch ist es sogar möglich, dass die Netzteile erst in den Verkaufsregionen produziert und beigelegt werden.

3 Um Mark Twain zu zitieren: »Verschiebe nie auf morgen, was übermorgen genauso gut erledigt werden kann«.

Beispiel 2:

Volkswagen hat ein Baukastensystem entwickelt, das bei den verschiedenen Marken des Konzerns eingesetzt wird. So kann dadurch z. B. der Antriebsbaukasten auch bei äußerlich völlig unterschiedlichen Fahrzeugen gleich sein. Somit kann der Kunde mit vielen Varianten bedient werden, während gleichzeitig die Kosten niedrig gehalten werden.

Die beschriebene Aufschubstrategie bietet folgende Vorteile:

- Die Lieferzeiten für Kunden können kürzer werden, wenn Basismodule vorgefertigt werden.
- Die Variantenvielfalt für die Kunden kann größer werden, ohne dass die Teilevielfalt allzu sehr ansteigt.
- Die Lagerbestände sinken, weil die Basismodule bei den unterschiedlichen Varianten gleich sind.
- Die Standardisierung kann Synergien im Produktionsprozess bewirken, was zu niedrigeren Kosten führt.

Durch die Aufschubstrategie können sich jedoch auch Nachteile ergeben. Wenn ein Produkt so entwickelt werden muss, dass die Produktvarianten erst spät ausgebildet werden, kann das Produkt unter Umständen komplexer werden, was sich negativ auf die Kosten auswirken kann.

ZUSAMMENFASSUNG

- Der Einkauf und gegebenenfalls die Lieferanten sollten bei der Produktentwicklung so früh wie möglich eingebunden werden.
- Die Anzahl der verschiedenen Teile sollte so gering wie möglich gehalten werden.
- Falls möglich, sollten Normteile eingesetzt werden. Teile mit Herstellerbindung, bei denen die Spezifikation unbekannt ist, sollten vermieden werden.
- Alle für das Endprodukt relevanten Parameter sollten in der Spezifikation festgelegt werden, daneben darf es keine Zusatzabsprachen geben.
- Designrichtlinien können dabei helfen, dass die Entwicklung einheitlich gemäß definierten Standards stattfindet.
- Bei Produktänderungen sollte ein Änderungsprozess durchlaufen werden, der auch andere Abteilungen involviert.
- Mithilfe der Wertanalyse kann der Wert von Produkten erhöht werden. Dabei werden die kundenrelevanten Funktionen getrennt von den Produkten betrachtet.
- Wenn eine Variantenbildung möglichst spät im Fertigungsprozess erfolgt, können sich viele Vorteile ergeben, wie beispielsweise eine niedrige Kostenstruktur – selbst dann, wenn es viele Produktvarianten gibt.

2 Dokumentation

Spätestens wenn die Produktentwicklung abgeschlossen ist, steht der nächste Schritt auf dem Weg zum Einkauf der Teile oder Baugruppen an: Die Daten müssen in Form von Stammdaten im ERP-System (Enterprise-Resource-Planning) hinterlegt werden bzw. mit diesen verknüpft werden. Vollständige Stammdaten führen zu Eindeutigkeit und lassen keinen Spielraum für Abweichungen offen. Sie sparen Zeit und führen zu einer größeren Konsistenz der erzeugten Datensätze. Sind alle Stammdaten gepflegt, dann müssen bei einer Bestellung in der Regel lediglich folgende Werte eingegeben werden:

- Lieferant,
- Artikelnummer,
- Menge,
- Liefertermin.

Die folgenden Werte werden dann automatisch aus den Stammdaten gezogen:

- Adresse des Lieferanten,
- eigene Kundennummer,
- eigene Kontaktdaten,
- Ansprechpartner,
- Artikelbezeichnung,
- Versionsindex,
- Preis,
- Zahlungsbedingungen,
- Versandart,
- Lieferbedingungen.

2.1 Softwareauswahl

Für jede Abteilung in einem Unternehmen gibt es maßgeschneiderte Software, von CRM-Systemen (Customer-Relationship-Management) über Qualitätsmanagementsoftware bis hin zu PDM-Systemen (Produktdatenmanagement). Die Anbieter kennen die Bedürfnisse der jeweiligen Abteilungen genau, wodurch die Software genau auf die Bedürfnisse der Abteilungen abgestimmt sein kann.

Der Einsatz von zu vielen verschiedenen Softwaresystemen bringt leider auch Nachteile mit sich:

- Schnittstellen für den Datenaustausch zwischen den einzelnen Systemen sind zu programmieren.
- Andere Abteilungen können nicht auf alle Datensätze zugreifen, abteilungsübergreifende Auswertungen sind nur mit Aufwand möglich.

- Es entstehen Redundanzen.
- Es fallen hohe Lizenzkosten an.
- Der Administrationsaufwand kann sehr hoch werden.

Manche abteilungsspezifischen Programme erleichtern zwar die Arbeit, aber ihr Einsatz ist nicht zwingend notwendig. Es gibt jedoch eine Software, an der in einem Industrieunternehmen kein Weg vorbeiführt: das ERP-System. Es kann daher von Vorteil sein, auf Spezialsoftware zu verzichten und möglichst viele Funktionen über das ERP-System abzubilden. Viele ERP-Systeme bieten beispielsweise auch Funktionalitäten von CRM-Systemen. Schon wenn die Entscheidung für ein neues ERP-System ansteht, kann darauf Rücksicht genommen werden und ein ERP-System ausgewählt werden, das die Belange von möglichst vielen Abteilungen berücksichtigt.

2.2 Die Artikelstammdaten erfassen

Ein Artikelstammdatensatz wird mit der Anlage eines Artikels erzeugt. Daher stellt sich schon die erste Frage: Wer darf überhaupt neue Artikel im System anlegen?

> **Beispiel:**
>
> Ich war für ein großes Unternehmen mit hoher Mitarbeiterfluktuation tätig, jeder Mitarbeiter im Einkauf durfte dort Artikel anlegen. Dadurch waren die Artikelbezeichnungen nicht konsistent und es wurden wiederholt Artikel angelegt, die es eigentlich schon gab. Je mehr das Unternehmen wuchs, desto größer wurden die Probleme, die daraus resultierten.

Es ist vorteilhaft, einen kleinen Personenkreis von Mitarbeitern zu bestimmen, die berechtigt sind, Artikel anzulegen. Zusätzlich ist es empfehlenswert, eine Nomenklatur für die Bezeichnungen festzulegen oder sogar ein komplettes Handbuch für die Arbeitsweise mit dem ERP-System zu schreiben – selbstverständlich sollte dieses danach nicht in der Schublade verschwinden, sondern allen bekannt sein und bei Änderungen angepasst werden.

In vielen ERP-Systemen gibt es neben einer Artikelnummer zusätzlich eine Artikelbezeichnung. Diese Bezeichnungen sollten einzigartig, transparent und skalierbar sein, also auch für viele zukünftige Artikel anwendbar.

> **Beispiel:**
>
> Ich arbeitete für ein Unternehmen, in dem man sich viele Gedanken über die Benennung von Bauteilen gemacht hatte. Ein bestimmtes Bauteil hieß beispiels-

weise »DIO Z 3,3V BZX585B SOD 523«. Schon anhand der Bezeichnung konnten fachkundige Personen damit erkennen, dass es sich um eine Zener-Diode handelte. Außerdem wurden 3,3 Volt Spannung angegeben, BZX585B stand für die Modellbezeichnung des Herstellers und SOD 523 für das Gehäuse. Die Bezeichnung war somit einzigartig, transparent und skalierbar.

Leider gibt es nicht für alle Fälle im ERP-System passende Felder oder Einstellungen, um Informationen zu hinterlegen. Beispiele könnten sein:

- Mit einem Kunden wurde eine Qualitätssicherungsvereinbarung abgeschlossen, die bei bestimmten Teilen einen Lieferantenwechsel genehmigungspflichtig macht.
- Ein Normteil soll auf bestimmte Weise vom Lieferanten verpackt werden.

Es sollte hier sorgsam überlegt werden,

- wo diese Informationen am besten abgespeichert werden, damit andere Mitarbeiter sie auch finden, und es sollte
- sichergestellt sein, dass es zu keinen Redundanzen kommt.

Falls die Frage, ob ein Mitarbeiter auch bei plötzlich auftretender Krankheit schnell vertreten werden könnte, mit »Ja« beantwortet werden kann, erfüllt die Dokumentation in der Regel ihren Zweck.

Noch ein paar Worte zur Sperrung von Artikeln. Hier sind zwei Fälle zu unterscheiden:

- Ein Artikel wird gesperrt und darf nicht weiter beschafft/verbaut/geliefert werden oder
- ein Artikel wird durch einen anderen Artikel ersetzt.

Beide Fälle sind fehleranfällig. Es schadet daher nicht, zu überlegen, ob und – falls ja – wie sie im eigenen Unternehmen sicher behandelt werden können.

2.3 Versionierung

Zu einer Spezifikation gehört, dass es einen Versionsindex gibt, der bei jeder Änderung erhöht wird, auch wenn sie noch so klein ist. Manche Unternehmen verwenden keine Versionsindizes, dort wird bei Änderungen eine neue Artikelnummer erzeugt, auch das ist in Ordnung.

Beispiel 1:

Ich hatte ein Kabel bei einem Lieferanten angefragt. Durch Zufall fand ich heraus, dass zeitgleich Änderungen an der Spezifikation vorgenommen worden waren, ohne den Index zu erhöhen. Der Entwickler hatte gedacht, dass noch niemand im

Einkauf mit diesem Teil arbeiten würde. Nun waren bei verschiedenen Lieferanten unterschiedliche Spezifikationen im Umlauf, die aber die gleiche Artikelnummer und den gleichen Versionsindex trugen.

Beispiel 2:

Aufgrund eines kleinen Fehlers in der Spezifikation wurden neu entwickelte Leiterplatten falsch produziert. Der Entwickler passte daraufhin die Spezifikation an und schickte mir die neuen Daten zu. Ich stellte jedoch fest, dass diese immer noch den vorherigen Versionsindex 1.0 trugen und nicht etwa 1.1 oder 2.0. Der Entwickler war der Meinung, dass es sich nicht um eine neue Version handelte, sondern nur um eine kleine Fehlerkorrektur, die ich dem Lieferanten mitteilen solle, daher hatte er den Index nicht erhöht. Hätte ich dem Lieferanten diese Spezifikation geschickt, wären zwei unterschiedliche Spezifikationen mit gleicher Nummer im Umlauf gewesen.

Häufig gibt es auch in ERP-Systemen ein Feld für den Versionsindex. Dieses Feld wird beispielsweise bei Bestellungen automatisch aufgedruckt. Es ist wichtig, dass dieses Feld in den Stammdaten immer gepflegt wird, um zu vermeiden, dass versehentlich eine alte Version bestellt wird. Existiert beispielsweise die Zeichnungsversion 3 eines Teils, dann sollte diese Version 3 auch auf der Bestellung gedruckt werden, damit für den Lieferanten klar ist, nach welchem Stand produziert werden soll.

Noch ein paar Worte zur Historie der Schriftfelder auf technischen Zeichnungen. Nach der DIN 6771-1, die inzwischen veraltet ist, jedoch in vielen Unternehmen nach wie vor angewendet wird, war das Schriftfeld umfangreich definiert, siehe Abbildung 7.

(Verwendungsbereich)				(zul. Abw.)		(Oberfläche)	Maßstab	(Gewicht)
							Werkstoff Rohteilnummer Modellnummer	
					Datum	Name	(Benennung)	
				Bearb.				
				Gepr..				
				Norm				
							(Zeichnungsnummer)	(Blatt)
								Bl.
Zust.	Änderung	Datum	Name	(Urspr.)			(Ers. f.)	(Ers. d.)

Abb. 7: Schriftfeld nach DIN 6771-1 (veraltet)

Im linken Bereich ist die Änderungshistorie angegeben. Hier können die Änderungen von einer Version auf die nächste kompakt angegeben werden (z. B. »Fase hinzugefügt«), wodurch die Änderungen für die Lieferanten schnell ersichtlich sind.

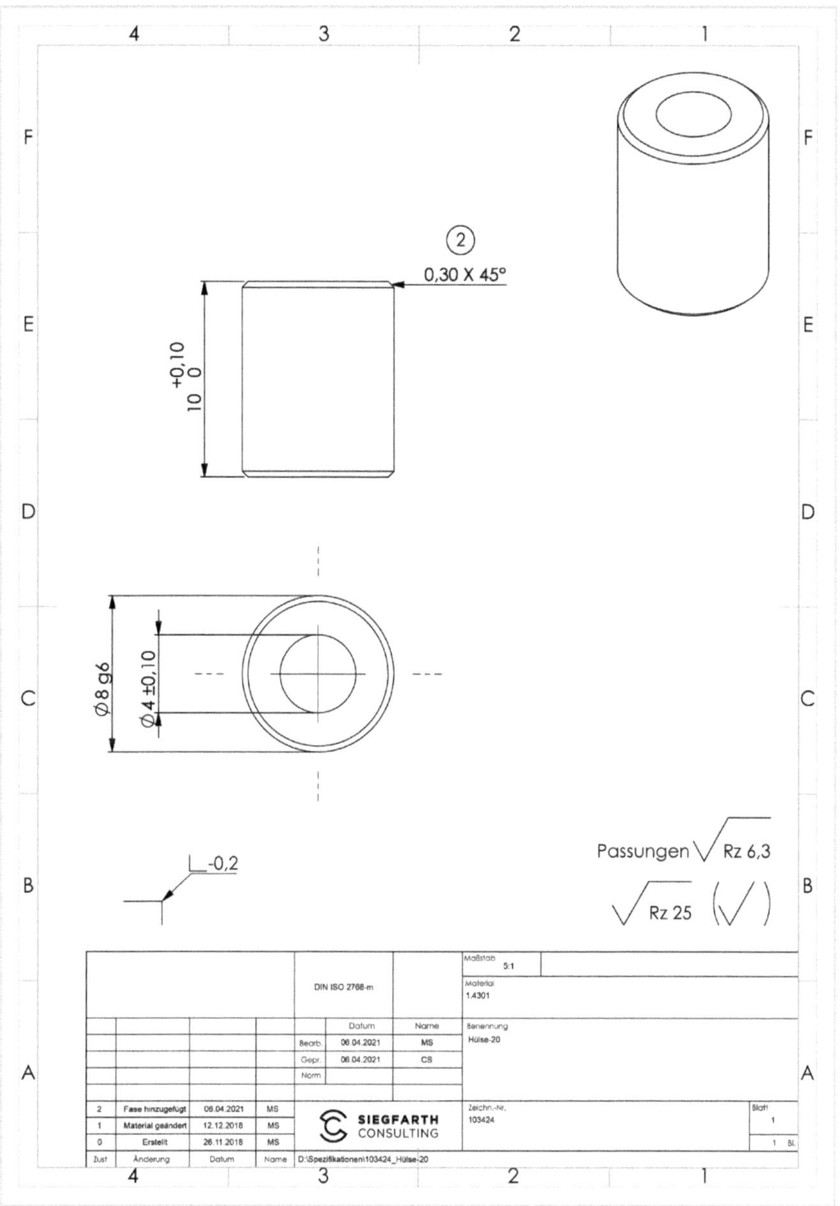

Abb. 8: Zeichnung mit Schriftfeld nach EN ISO 7200

Die aktuell gültige Norm ist die EN ISO 7200, ein Beispiel dafür ist in Abbildung 8 zu sehen. Laut dieser Norm sind nur noch wenige Pflichtfelder vorgesehen – der Versionsindex und dessen Historie gehören nicht mehr dazu. In Abbildung 8 wurden die Felder jedoch ergänzt. Falls Zeichnungen mit Versionsindex geführt werden, ist es sinnvoll diesen Index auf der Zeichnung ersichtlich zu machen. Über eine aufgelistete

Änderungshistorie freuen sich die Lieferanten, weil sie dann nicht mehr in akribischer Kleinarbeit alle Details der neuen mit der alten Spezifikation vergleichen müssen. Im Beispiel wurde sogar die Stelle der Änderung markiert, zu erkennen an der Zahl 2 im Kreiskringel (was auf den Änderungsindex 2 hinweist).

ZUSAMMENFASSUNG

- Informationen sollten möglichst zentral abgelegt werden, ein ERP-System ist der ideale Ort hierfür.
- Bei jeder Spezifikationsänderung muss der Versionsindex des Artikels erhöht oder eine neue Artikelnummer erzeugt werden.

3 Bedarfsermittlung

Zunächst wird in diesem Kapitel vorgestellt werden, wie Teile klassifiziert werden können. Im Anschluss wird es darum gehen, wie die Bedarfsermittlung für die verschiedenen Kategorien ablaufen kann.

3.1 Klassifizierung nach A-, B- und C-Teilen

Es ist nicht sinnvoll, alle Teile nach den gleichen Kriterien zu beschaffen. Werthaltige Teile mit langer Lieferzeit verdienen mehr Aufmerksamkeit als eine gewöhnliche Unterlagscheibe, bei der nicht einmal ein stückgenauer Bestand relevant ist und die notfalls im Baumarkt gekauft werden könnte. Im Folgenden wird die sogenannte ABC-Analyse vorgestellt. Dabei werden die Teile nach ihrem Wert in die Kategorien A, B und C eingruppiert. Als Wert wird meist definiert, welche Summe im Jahr für die Teile ausgegeben wird, es gibt aber auch andere Kriterien.

In Abbildung 9 stellt die Rechtsachse alle Teile dar, dem Gesamtwert nach sortiert, beginnend beim Teil mit dem höchsten Wert. Auf der Hochachse sind die kumulierten Werte bei jedem Teil eingetragen. 100 % des kumulierten Wertes sind nach 100 % der Teile erreicht.

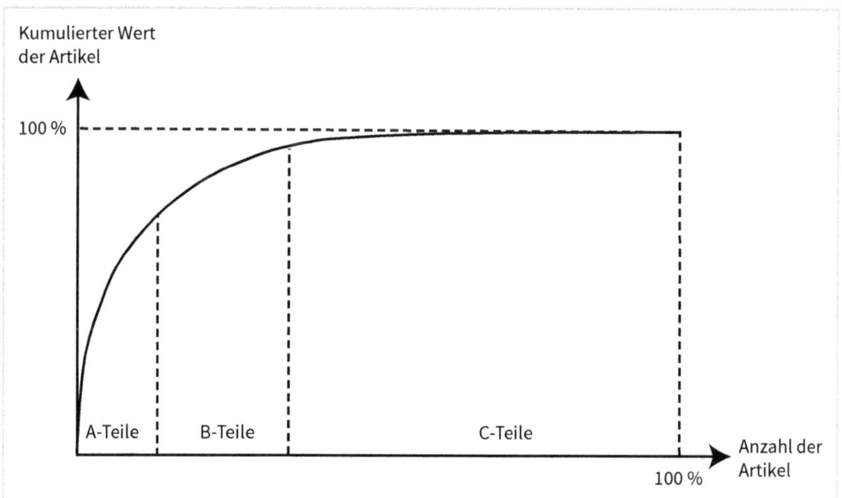

Abb. 9: Klassifizierung nach A-, B- und C-Teilen

Der gekrümmte Verlauf der Kurve kommt dadurch zustande, dass der Wert der Teile unterschiedlich groß ist: Wenige teure Teile haben einen größeren Anteil als viele günstige Teile. Die Einteilung erfolgt meist in folgende drei Kategorien:

- A-Teile: Bis ca. 80 % des kumulierten Gesamtwertes.
- B-Teile: Von ca. 80 % bis ca. 95 % des kumulierten Gesamtwertes.
- C-Teile: Ab ca. 95 % des kumulierten Gesamtwertes.

Bei den Werten handelt es sich um Richtwerte, die je nach Situation angepasst werden können.

Im Folgenden wird die Berechnung anhand eines Beispiels erläutert. Gehen wir dazu von den in Tabelle 1 dargestellten 20 Artikeln aus.

Artikel	Preis	Jahresmenge
100001	0,02 €	1.632
100002	25,00 €	17
100003	0,14 €	68
100004	22,13 €	68
100005	1,29 €	204
100006	0,01 €	816
100007	8,93 €	187
100008	22,13 €	48
100009	0,01 €	306
100010	0,03 €	17
100011	0,09 €	153
100012	5,44 €	68
100013	3,84 €	34
100014	9,44 €	34
100015	0,01 €	68
100016	0,01 €	3.128
100017	8,43 €	34
100018	11,91 €	136
100019	0,99 €	34
100020	0,02 €	68

Tab. 1: Rohdaten für das Beispiel

Anschließend wird so vorgegangen:

1. Bei jedem Teil wird der Wert pro Jahr berechnet.
2. Es erfolgt eine absteigende Sortierung nach diesen Werten.
3. Bei jedem Teil muss der Anteil am Gesamtwert berechnet werden.
4. Nun werden die kumulierten Anteile berechnet.
5. Die Grenzen für A-, B- und C-Teile werden festgelegt, wodurch sie klassifiziert werden können.

Wird so bei den vorangegangenen Daten vorgegangen, ergibt sich das in Tabelle 2 dargestellte Ergebnis.

Artikel	Preis	Jahresmenge	Jährl. Wert	Anteil	Kumuliert	Klasse
100007	8,93 €	187	1.669,91 €	21,44 %	21,44 %	A
100018	11,91 €	136	1.619,76 €	20,80 %	42,24 %	A
100004	22,13 €	68	1.504,84 €	19,32 %	61,57 %	A
100008	22,13 €	48	1.062,24 €	13,64 %	75,21 %	A
100002	25,00 €	17	425,00 €	5,46 %	80,66 %	B
100012	5,44 €	68	369,92 €	4,75 %	85,41 %	B
100014	9,44 €	34	320,96 €	4,12 %	89,53 %	B
100017	8,43 €	34	286,62 €	3,68 %	93,22 %	B
100005	1,29 €	204	263,16 €	3,38 %	96,59 %	B
100013	3,84 €	34	130,56 €	1,68 %	98,27 %	C
100019	0,99 €	34	33,66 €	0,43 %	98,70 %	C
100001	0,02 €	1.632	32,64 €	0,42 %	99,12 %	C
100016	0,01 €	3.128	31,28 €	0,40 %	99,52 %	C
100011	0,09 €	153	13,77 €	0,18 %	99,70 %	C
100003	0,14 €	68	9,52 €	0,12 %	99,82 %	C
100006	0,01 €	816	8,16 €	0,10 %	99,93 %	C
100009	0,01 €	306	3,06 €	0,04 %	99,97 %	C
100020	0,02 €	68	1,36 €	0,02 %	99,98 %	C
100015	0,01 €	68	0,68 €	0,01 %	99,99 %	C
100010	0,03 €	17	0,51 €	0,01 %	100,00 %	C

Tab. 2: Auswertung der Daten zur Klassifizierung nach A-, B- und C-Teilen

Nur 4 von 20 Teilen machen in diesem Beispiel 75 % der Kosten aus, die untersten 11 Teile tragen gerade einmal 3,4 % zu den Gesamtkosten bei.

Hier zeigt sich auch, dass es beim Festlegen der Grenzen Spielräume geben kann. Der Artikel 100005 könnte auch als C-Teil klassifiziert werden. Genauso wäre es möglich, 100013 als B-Teil zu klassifizieren, da es im Vergleich zu den anderen C-Teilen einen relativ großen Anteil am Gesamtwert hat.

Die so gewonnen Daten lassen sich für eine Vielzahl an Auswertungen verwenden.

> **Beispiel:**
>
> Ich kaufte diverse Laserspiegel ein und stellte fest, dass in der Produktion sehr viele Spiegel aufgrund von Kratzern entsorgt wurden. Daraufhin wertete ich Ausfallzahlen aus und verknüpfte diese mit den jährlichen Ausgaben für jedes Teil. Es stellte sich heraus, dass der Spiegel, für den wir pro Jahr in der Summe am meisten ausgaben, eine doppelt so hohe Ausschussrate hatte wie der Durchschnitt aller anderen Spiegel. Bei der Ursachenanalyse stellte ich fest, dass die Verpackung beim Transport die Kratzer erzeugte. Nach Umstellen auf eine andere Verpackung halbierten sich die Ausfallzahlen.

Im folgenden Kapitel 3.2 soll betrachtet werden, wie die Bedarfsermittlung bei A- und B-Teilen ablaufen kann. Anschließend wird die Beschaffung von C-Teilen betrachtet.

Neben der ABC-Analyse gibt es noch weitere Methoden zur Klassifizierung von Teilen für die Bedarfsplanung, auf die hier nur sehr kurz eingegangen werden soll:

- **XYZ-Analyse (manchmal auch RSU-Analyse genannt)**
  X-Teile haben einen konstanten Verbrauch mit geringen Schwankungen, Y-Teile einen regelmäßig schwankenden Verbrauch (beispielsweise saisonal) und Z-Teile einen völlig unregelmäßigen Verbrauch. RSU steht für regelmäßig, saisonal und unregelmäßig.
- **GMK-Analyse**
  Bei der GMK-Analyse werden die Teile nach ihrem Lagervolumen klassifiziert und in die Kategorien großvolumig, mittelvolumig und kleinvolumig eingeteilt.

3.2 Disposition von A- und B-Teilen

Disposition steht für die Zuteilung von Waren, also die Planung, wann welche Mengen benötigt werden.

3.2.1 Dispositionsverfahren

Tabelle 3 stellt die Zu- und Abgänge eines Artikels dar. Aus den Zu- und Abgängen jeder Woche errechnet sich der neue Bestand.

Woche	Zugänge	Abgänge	Bestand
0			87
1	0	3	84
2	0	12	72
3	50	10	112
4	0	13	99
5	0	20	79
6	0	11	68
7	0	0	68
8	0	14	54
9	0	3	51
10	50	12	89
11	0	0	89
12	0	25	64
13	0	8	56
14	0	6	50

Tab. 3: Zu- und Abgänge eines Artikels

Wenn alle Abgänge in der Zukunft bekannt wären, wäre klar, zu welchen Terminen bestellt werden müsste. In der Praxis ist dies allerdings selten der Fall und es müssen Werte geschätzt werden, um eine langfristige Planung zu ermöglichen. Im Folgenden werden drei Verfahren hierfür vorgestellt.

- **Deterministische Bedarfsermittlung**
  Bei der deterministischen Bedarfsermittlung wird anhand der eingeplanten Kundenaufträge und unter Zuhilfenahme der Stücklisten berechnet, wie hoch die Abgänge sein werden. Somit kann der Bedarf exakt errechnet werden. Bei zu erwartendem Ausschuss kann der Bedarf noch mit einem Sicherheitsfaktor multipliziert werden. Die deterministische Bedarfsermittlung liefert dann gute Ergebnisse, wenn die Kunden so früh bestellen, dass sowohl die Beschaffung der Teile als auch die Fertigung der Produkte in dieser Zeitspanne erledigt werden kann. Auch wenn die eigene Fertigung so sehr ausgelastet ist, dass der Produktionsstart

mehr Zeit in Anspruch nimmt als die Beschaffung der Teile, kann auf diese Weise gearbeitet werden, ohne dass Probleme entstehen.

- **Stochastische Bedarfsermittlung**
  Bei der stochastischen Bedarfsermittlung wird der Bedarf aus Verbrauchswerten der Vergangenheit in die Zukunft projiziert. Beispielsweise könnte der durchschnittliche wöchentliche Verbrauch der letzten 3 Monate berechnet werden und dieser Wert in den folgenden Wochen als Bedarf angenommen werden. Bei einem relativ konstanten Verbrauch würde dies gute Ergebnisse liefern. Darüber hinaus bieten manche ERP-Systeme Funktionen an, die auch einen nicht konstanten Verbrauch berücksichtigen, beispielsweise einen steigenden oder einen periodisch schwankenden Verbrauch. Komplett versagt diese Methode jedoch bei neuen Artikeln, da hier noch keine Vergangenheitswerte vorliegen. Ebenso wie die deterministische Bedarfsermittlung verursacht die stochastische Bedarfsermittlung wenig Aufwand, da die Verbrauchswerte automatisiert vom ERP-System berechnet werden.
- **Heuristische Bedarfsermittlung**
  Bei der heuristischen Bedarfsermittlung werden die zu erwartenden Abgänge »manuell« geschätzt. Grundlage können beispielsweise Absatzprognosen des Vertriebs sein, aus denen Planbedarfe erzeugt werden. Der Planungsaufwand ist nicht zu unterschätzen. Bei neuen Produkten ist diese Methode oft die vorteilhafteste.

Es sind auch Kombinationen aus den drei Methoden möglich. Beispielsweise kann innerhalb der nächsten 6 Wochen mit deterministischer Bedarfsermittlung gearbeitet werden, für die Zeit danach aber mit stochastischer Bedarfsermittlung. Der limitierende Faktor liegt in der Funktionalität des verwendeten ERP-Systems. Wichtig ist vor allem eines: Alle Bedarfe müssen auf irgendeine Weise im ERP-System abgebildet sein. Aufgabe der Einkäufer ist es, die geforderten Bedarfe zu erfüllen. Mutmaßungen darüber zu treffen, welche Bedarfe womöglich kommen könnten, sollte nicht zu ihren Aufgaben gehören. Um dies zu gewährleisten, sollte ein regelmäßig wiederkehrender Prozess zur Bedarfsplanung (unter Einbindung von Vertrieb und Produktion) etabliert werden, an dessen Ende die Abbildung der Bedarfe im ERP-System steht.

Anhand von Lagerbeständen, zukünftigen Zu- und Abgängen (inklusive Prognosen), Ausschussfaktoren, Mindestbeständen sowie Wiederbeschaffungszeiten werden die Bestellvorschläge erzeugt. Basierend auf den Bestellvorschlägen können Bestellungen ausgelöst werden. Bei manchen ERP-Systemen ist es möglich, dass automatisch und ohne Eingreifen der Einkäufer bestellt wird. Per EDI (Electronic Data Interchange) können an angeschlossene Geschäftspartner beispielsweise automatisiert Bestellungen versendet und deren Auftragsbestätigungen eingepflegt werden. Die Schnittstellen dafür sind nur teilweise standardisiert, weshalb umfangreiche IT-Arbeiten nötig sind, um Lieferanten an das eigene System anzubinden. Daher sind EDI-Anbindungen eher bei größeren Unternehmen üblich.

Es ist wichtig, dass die im ERP-System hinterlegten Wiederbeschaffungszeiten aktuell gehalten werden. Wenn die hinterlegten Wiederbeschaffungszeiten zu kurz sind, erfahren die Einkäufer erst zu spät, dass Bestellungen nötig sind.

3.2.2 Materialreservierungen

Nach einem bestätigten Kundenauftrag muss sichergestellt sein, dass das Material nicht für andere Kundenaufträge verwendet wird und der bestätigte Termin deswegen nicht gehalten werden kann. Nicht ganz einfach abzubilden ist dieser Fall bei Mengenkontrakten, bei denen noch keine kundenseitigen Abrufbestellungen erfolgt sind. Es ist üblich, dass mit Kunden bestimmte Lieferzeiten festgehalten werden, diese sind dann auch einzuhalten. Nach Abschluss eines solchen Vertrags kann er beispielsweise an alle Einkäufer gesendet werden. Diese können dann prüfen, ob Maßnahmen ergriffen werden müssen, um die Teileverfügbarkeit und damit die garantierte Lieferzeit sicherzustellen. Für die Teile mit langen Lieferzeiten könnten beispielsweise die Mindestbestände erhöht werden oder Rahmenverträge bzw. Mengenkontrakte mit den Lieferanten abgeschlossen werden, um eine schnelle Verfügbarkeit sicherzustellen. Aber selbst dann wäre nicht garantiert, dass der Kunde stets wie vereinbart beliefert werden kann: Es könnten beispielsweise Bestellungen von anderen Kunden für das gleiche Material eintreffen, was dazu führen könnte, dass das vorgesehene Material für den Kunden mit Mengenkontrakt anderweitig verwendet werden würde. Das Risiko hierfür sowie mögliche Maßnahmen dagegen müssen individuell geprüft werden, wobei viel von den Fähigkeiten des verwendeten ERP-Systems abhängt.

Darüber hinaus kann es vorkommen, dass Kunden um eine Materialreservierung bitten, bis die Bestellung erfolgt ist. Ob solchen Wünschen entsprochen werden soll, muss diskutiert werden. Abgebildet wird dies meist manuell, beispielsweise durch Anlegen eines virtuellen Auftrags, der nach ein paar Tagen wieder gelöscht wird.

3.2.3 Höhe des Sicherheitsbestands

Der Sicherheitsbestand ist der Mindestbestand, also die eiserne Reserve, die nur im Notfall unterschritten werden sollte. Sie hängt beispielsweise von folgenden Faktoren ab:

- **Worst-Case-Lieferzeit**
  Anstatt nur auf die Standardlieferzeit zu schauen, sollte überlegt werden, wie lange die Beschaffung eines Teils im schlimmsten Fall dauern könnte. Ist die Beschaffungszeit sehr lang, kann überlegt werden, ob Maßnahmen möglich sind, sie zu verkürzen. Hat das Rohmaterial beispielsweise eine lange Lieferzeit, könnte es sinnvoll sein, es vorrätig zu halten. Von einer Just-in-Time-Fertigung ist bei Teilen

mit einer potenziell sehr langen Lieferzeit (wie beispielsweise Mikrocontrollern) abzuraten. Zu dieser Erkenntnis gelangten viele Automobilhersteller erst während der Chipkrise im Jahr 2021, als sie ihre Logistikkonzepte, wie scherzhaft gesagt wurde, von »Just-in-Time« auf »Just-in-Case« umstellen mussten.

- **Umstellungszeit auf neuen Lieferanten bei Lieferantenausfall**
  Fällt ein Lieferant aus, dann steht nicht immer sofort ein anderer Lieferant bereit, der die ausgefallenen Mengen problemlos ersetzen kann. Je länger die Umstellung auf einen anderen Lieferanten dauern würde, desto größer sollte der Sicherheitsbestand sein.
- **Bedarfsschwankungen**
  Je größer die Schwankungen sind, besonders die nicht prognostizierbaren, desto höher sollte der Mindestbestand sein. Mögliche Ausfälle in der Fertigung sind ebenfalls zu berücksichtigen.
- **Ausfälle beim Wareneingang**
  Nicht nur die Wahrscheinlichkeit von Ausfällen bei der Wareneingangsprüfung ist entscheidend, sondern auch die Möglichkeit, ausgefallene Teile nachzuarbeiten. Besteht diese nicht, dann müssen die Teile komplett neu gefertigt werden.
- **Preis und Volumen**
  Bei günstigen Artikeln, die kaum Platz bei der Lagerung benötigen, sind hohe Bestände meist kein Problem. Ist dies nicht der Fall, sollte überprüft werden, wie sehr die Kapitalbindung oder der Platzbedarf schmerzen würden.

Unabhängig von diesen Überlegungen sollte stets geprüft werden, ob die Gefahr besteht, dass der entsprechende Artikel zukünftig gar nicht mehr benötigt wird, beispielweise aufgrund von Änderungen am Produkt – dann können hohe Bestände zu großen Abschreibungen führen.

3.3 Disposition von C-Teilen

Ein C-Teil hat einen geringen Wert. Daher muss es das Ziel sein, den Aufwand für die Beschaffung gering zu halten. Es ist ratsam, C-Teile nicht über den regulären Beschaffungsprozess, wie den für A- und B-Teile, zu bestellen.

Es gibt Dienstleister, die sich auf die C-Teile-Beschaffung spezialisiert haben. Häufig werden Kanban-Systeme eingesetzt. Dabei werden die Artikel beispielsweise in Behältern gelagert. Sobald ein bestimmter Bestand unterschritten ist, wird automatisiert nachbestellt. Beispiele für solche Systeme:

- Es gibt zu jedem Artikel zwei Behälter, die hintereinander ins Regal gestellt werden. Sobald ein Behälter leer ist, wird dieser vom Mitarbeiter gescannt, was die Nachbestellung auslöst. Der hintere Behälter wird dann zum neuen vorderen Behälter.

- Es gibt zweigeteilte Behälter, die gedreht werden können. Nach Aufbrauchen des vorderen Teils des Behälters wird der Behälter vom Mitarbeiter gedreht, was die Bestellung auslöst.
- Jeder Behälter wird kontinuierlich gewogen. Sobald ein festgelegtes Gewicht unterschritten wird, erfolgt die Nachbestellung.

Solche Systeme lohnen sich allerdings nur bei Artikeln mit einem hohen Verbrauch, da die Verwaltungskosten für das System sonst größer sind als die Ersparnis für die Bestellungen, die angefallen wären.

Nicht jedes Teil, das in der Klassifizierung als C-Teil erscheint, sollte auf diese Weise beschafft werden. Zum einen betrifft das Teile, die zwar in das C-Teile-Raster fallen, weil sie selten benötigt werden, jedoch nicht günstig sind. Zum anderen, und hier wird es besonders kritisch, gibt es Teile, die zwar sehr günstig sind, deren Beschaffung jedoch hochproblematisch sein kann. Im engeren Sinn sind solche Teile oft gar nicht gemeint, wenn von C-Teilen gesprochen wird, sondern nur diejenigen, die einfach beschaffbar sind.

Beispiel:

In unserem Kanban-System war ein Artikel eine Folie, die nur wenige Cent kostete. Sie wurde in fast allen Produkten unseres Unternehmens verbaut. Nach einer neuen Lieferung wurde festgestellt, dass die neuen Folien nicht mehr verbaut werden konnten, weil sie zu dick waren. Es stellte sich heraus, dass wir zwar ein Standardprodukt verwendeten, jedoch engere Toleranzen benötigten, als für die Folien vom Hersteller angegeben war. Wir benötigten daher eine Sonderanfertigung. Die Folien hätten in der Vergangenheit nicht in das Kanban-System aufgenommen werden dürfen.

ZUSAMMENFASSUNG

- Eine A-, B- und C-Klassifizierung von Teilen ist sinnvoll, um begrenzte Ressourcen dort einzusetzen, wo sie am meisten benötigt werden.
- Die zukünftigen Bedarfe können deterministisch (nach Kundenaufträgen), stochastisch (mathematische Prognose aufgrund von Vergangenheitswerten) oder heuristisch (mithilfe von Planzahlen) ermittelt und geschätzt werden.
- Alle Bedarfe sollten im ERP-System abgebildet sein.
- Nach einem bestätigten Kundenauftrag muss sichergestellt sein, dass das Material nicht für andere Aufträge verwendet wird und der ursprünglich bestätigte Termin deshalb nicht gehalten werden kann.
- Für C-Teile ist der Beschaffungsaufwand gering zu halten. Es ist aber zu beachten, dass nicht jedes Teil mit geringem Einkaufsvolumen auch unproblematisch zu beschaffen ist.

4 Preisanfragen

Sobald die Spezifikation feststeht und alles dokumentiert ist, kann eine Preisanfrage erfolgen. Eine grundsätzliche Frage lautet: Wer darf überhaupt Anfragen durchführen? Die Antworten darauf sind je nach Unternehmen unterschiedlich, von »jeder« bis hin zu »nur der Einkauf, ohne jegliche Ausnahmen«.

4.1 Wer sollte für Anfragen zuständig sein?

Zunächst ein paar Ausführungen zum Maverick-Buying.

Von Maverick-Buying (engl. Maverick = Alleingänger, Einzelgänger, Eigenbrötler) wird gesprochen, wenn Abteilungen eigenmächtig einkaufen, ohne dabei den Einkauf einzubinden. Die Folgen sind beispielsweise:

- **Erhöhung der Lieferantenanzahl**
  Da die Mitarbeiter aus anderen Abteilungen das bestehende Lieferantenportfolio nicht so gut kennen wie die Einkäufer, bestellen sie eher bei neuen Lieferanten – z. B. bei solchen, die die Mitarbeiter noch von früheren Arbeitgebern kennen. Mehr Lieferanten führen zu mehr Betreuungsaufwand und zu höheren Preisen.
- **Höhere Preise**
  Wenn nicht die Einkäufer bestellen, ist die Wahrscheinlichkeit höher, dass bei einem nicht optimalen Lieferanten bestellt wird, was sich in höheren Preisen niederschlägt. Außerdem sind die Einkäufer die erfahrensten Mitarbeiter bei Einkaufsverhandlungen – die Chancen, dass ein anderer Mitarbeiter einen besseren Preis aushandelt, sind gering – wenn der Preis überhaupt verhandelt und nicht einfach nach Angebot bestellt wird. Darüber hinaus kann es vorkommen, dass bestehende Mengenkontrakte bei der Bestellung nicht genutzt werden, weil nicht bekannt ist, dass überhaupt ein Mengenkontrakt existiert. Zu guter Letzt sind die Abnahmemengen kleiner, wenn jeder seinen eigenen Bedarf bestellt und Bedarfe nicht gebündelt werden – auch dies ist niedrigen Preisen nicht zuträglich.
- **Ineffizienz**
  Beim Maverick-Buying wird vom Standardeinkaufsprozess abgewichen. Dadurch sinkt die Effizienz. Dabei sind nicht nur die Bestellungen selbst zu beachten, sondern auch die vor- und nachgelagerten Arbeitsschritte. Wird beispielsweise bei der Bestellung keine Bestellnummer angegeben, dann weiß der Mitarbeiter im Wareneingang nicht, wohin die Ware gebracht werden soll und muss nachfragen.
- **Schaffen von Monopolen**
  Kauft die Entwicklungsabteilung bei Produktentwicklungprojekten selbst ein, besteht die Gefahr, dass der Einkäufer nichts davon erfährt. Dadurch können

beispielsweise Teile in Stücklisten aufgenommen werden, die nur bei einem Lieferanten beschafft werden können – es wurde also selbst ein Monopol geschaffen. Der Einkäufer hätte das Problem womöglich erkannt und Einspruch erhoben.

Im Allgemeinen ist eine niedrige Maverick-Buying-Quote anzustreben. Was genau am Einkauf vorbei beschafft werden darf – üblich sind beispielsweise Hotel- oder Mietwagenbuchungen –, muss von Unternehmen zu Unternehmen ausgelotet werden.

Zurück zum Thema »Anfragen«: Wer soll sie nun durchführen dürfen? Um eine möglichst niedrige Maverick-Buying-Quote zu erreichen, würde die Antwort lauten: Möglichst immer der Einkauf, wie auch sämtliche weitere Kommunikation mit Lieferanten. Falls die Kompetenz der Fachabteilung für die Kommunikation mit dem Lieferanten benötigt werden würde, sollte der entsprechende Einkäufer stets an den Gesprächen teilnehmen – und vor den Gesprächen die Gesprächsstrategie zusammen mit der Fachabteilung festlegen. Bei E-Mails an den Lieferanten, die direkt von der Fachabteilung versendet werden, sollte der Einkäufer mindestens in Kopie genommen werden, zudem wäre es denkbar, dass E-Mails an Lieferanten nur nach Freigabe des entsprechenden Einkäufers versendet werden dürfen.

Die »Hoheitsbereiche« der einzelnen Abteilungen können so aussehen:

- Einkauf → Lieferanten
- Vertrieb → Kunden
- Entwicklung → Spezifikationen

Nachfolgend drei Beispiele, die verdeutlichen sollen, welche Konsequenzen das Verletzen dieser Prinzipien haben kann:

Beispiel 1:

Ein Elektronikentwickler diskutiert mit einem Bauteilehersteller über die technischen Eigenschaften eines Kondensators. Dabei erfährt der Hersteller, dass keine Alternativen von anderen Herstellern eingesetzt werden dürfen. Die Verhandlungsmacht des Einkäufers für zukünftige Verhandlungen ist damit geschwächt.

Beispiel 2:

Mehrere Mitarbeiter aus verschiedenen Abteilungen rufen beim Kunden an, um eine Frage zu klären. Die gleiche Frage wird jedoch mehrfach gestellt. Der Kunde hat den Eindruck, dass die Kommunikation bei seinem Lieferanten nicht optimal läuft.

Beispiel 3:

Der Einkäufer erlaubt dem Lieferanten, abweichend zur Spezifikation zu produzieren, ohne dies von der Entwicklung freigeben zu lassen. Dabei übersieht er einen Verwendungszweck und es kommt in der Folge zu Qualitätsproblemen.

Auch ein chronischer Personalmangel sollte nicht dazu führen, dass bestimmte Aufgaben von anderen Abteilungen übernommen werden. In der Summe wäre in diesem Fall sogar davon auszugehen, dass die Gesamtbelastung des Unternehmens noch weiter steigt, da Mitarbeiter Aufgaben außerhalb ihres Verantwortungsbereichs in der Regel weniger effizient erledigen als jene, welche die Aufgaben täglich ausführen.

4.2 Der Inhalt einer Anfrage

Die Bearbeitung einer Preisanfrage bedeutet für einen Lieferanten viel Arbeit. Daher sollten nicht unnötig viele Preisanfragen erfolgen, aus denen keine Bestellungen werden – was im Übrigen noch ein Grund mehr dafür ist, dass nur der Einkauf anfragt, weil nur er den Überblick über die Anzahl der getätigten Anfragen hat.

Es ist empfehlenswert, dass eine Anfrage Folgendes enthält:

- **Anfragenummer**
  Jede Anfrage sollte eine Anfragenummer erhalten. So ist der Vorgang auch für Kollegen zuordenbar. Zudem können unter der Anfragenummer alle Informationen, wie beispielsweise Spezifikationen, E-Mails oder Angebote, hinterlegt werden.
- **Klare Spezifikation**
  Die Spezifikation sollte klipp und klar benannt werden. Dazu gehört eine Artikelnummer mit Versionsindex, zudem sollte es keinerlei Absprachen neben der Spezifikation geben.
- **Frist**
  Durch Nennung einer angemessenen Frist kann sich der Lieferant darauf einstellen, was von ihm erwartet wird.
- **Staffelpreise mit realistischen Mengen**
  Staffelpreise anzufragen ist meist sinnvoll. Es könnte beispielsweise sein, dass eine deutlich größere Menge mit nur geringen Mehrkosten verbunden ist. Dadurch kann eine größere Bestellmenge als die ursprünglich geplante sinnvoll sein. Vorsicht ist bei sehr großen Mengen geboten: Diese können die Angebotserstellung verzögern, weil beispielsweise aufgrund der Größe des Auftragsvolumens Genehmigungen von Vorgesetzten notwendig sind. In manchen Fällen kann es auch sinnvoll sein, nach optimalen Fertigungslosgrößen zu fragen. Beim Beschichten von Linsen passt beispielweise eine gewisse Anzahl an Linsen in die Beschichtungskammer. Wenn die Kammer voll ausgefüllt wird, ist der Preis für jede Linse am geringsten.

Eine einfache Anfrage könnte beispielweise so aussehen:

> **Betreff: Anfrage 1153 (Zahnrad-3)**
> Sehr geehrter Herr Schneider,
> da unser Produkt sehr gut vom Markt angenommen wird, besteht schon wieder Bedarf nach den Zahnrädern, die Sie schon einmal für die Prototypen geliefert haben (Artikel 103564 Index 2, Spezifikation anbei). Leider war Ihr Angebot für die letzte Bestellung zu teuer, wir möchten Ihnen jedoch wieder die Möglichkeit geben, anzubieten. Könnten Sie uns bitte bis zum 31.3. ein Angebot über 50, 70, 100 und 150 Stück abgeben?
> Vielen Dank im Voraus!

Nachfolgend ein paar Tipps zu Anfragen, um niedrigere Preise zu erreichen:

- **Anfragen bündeln**
  In manchen Unternehmen gibt es Vorgaben im Vertrieb, die bei größeren Auftragsvolumen mehr Spielraum im Preis zulassen. Durch Bündelung von mehreren kleinen Anfragen zu einer großen Anfrage können sich so Preisvorteile ergeben. Darüber hinaus kann gleich bei der Anfrage darüber gesprochen werden, welcher zusätzliche Rabatt gewährt wird, wenn bestimmte Teile gemeinsam bestellt werden.
- **Offene Kalkulation fordern**
  Offene Kalkulationen, d. h. möglichst genaue Aufschlüsselungen des Preises, können Gold wert sein. Je komplexer ein Produkt ist, desto wertvoller ist eine offene Kalkulation. In manchen Branchen, beispielsweise der Elektronikbranche, sind offene Kalkulationen üblich. Viele Unternehmen weigern sich aber um jeden Preis, eine offene Kalkulation herauszugeben. Falls keine offene Kalkulation weitergegeben wird, kann wenigstens danach gefragt werden, was die Preistreiber sind – diese Frage wird häufiger beantwortet.
- **Bezahlung in Fremdwährung**
  Es kann von Vorteil sein, Angebote in der Eigenwährung des Lieferanten anzufordern. Aufschläge von 5 % bis 10 % für die Bezahlung in Euro sind bei Lieferanten aus den USA, Japan oder der Schweiz keine Seltenheit. Selbstverständlich wird bei der Bezahlung in Fremdwährung auch das Wechselkursrisiko übernommen. Wenn es gleichzeitig aber auch Kunden gibt, die in der gleichen Währung bezahlen, dann gleichen sich die Risiken sogar gegenseitig aus (bei gleich großen Volumina).
- **Unechte Anfragen**
  Ist der Kauf bei einem bestimmten Lieferanten alternativlos, dann führt bei diesem womöglich jede Anfrage zu einem Auftrag. Dieser Zustand dient auf Dauer nicht dem Erhalt von niedrigen Preisen. Daher führen manche Einkäufer Anfragen durch, bei denen im Voraus schon feststeht, dass es zu keinem Auftrag kommen wird – einfach um dem Lieferanten zu zeigen, dass er nicht jeden Auftrag bekommt. Dieses Vorgehen ist in Deutschland eine rechtliche Grauzone. Im internationalen Handel können andere Regeln gelten.

4.3 Total Cost of Ownership

Die Idee hinter Total Cost of Ownership ist die, dass bei Preisvergleichen nicht nur der bloße Einkaufspreis verglichen wird, sondern auch weitere Aspekte, die direkt oder indirekt zu zusätzlichen Kosten führen. Dadurch wird verhindert, dass bestimmte Angebote von Lieferanten schöngerechnet werden. Hier ein Beispiel für Ware, die aus dem Nicht-EU-Ausland eingekauft wird:

	Einkaufspreis
+	anteilige Einmalkosten (Werkzeug etc.)
+	Verpackungskosten
+	Versandkosten
+	Transportversicherung
+	Fremdwährungsrisiko
+	Zoll
+	Aufwand Verzollung
+	Aufwand Warenannahme und Verbuchen
+	Wareneingangsprüfung
-	Skonto
+	Lagerkosten
=	Gesamtkosten

Zudem gibt es bei ausländischen Lieferanten folgende Punkte, die schwer quantifizierbar, aber nicht zu unterschätzen sind:

- In der Regel ist das Ausfallrisiko bei einem ausländischen Lieferanten gegenüber einem lokalen Lieferanten erhöht (z. B. durch Transportschwierigkeiten oder geopolitische Unwägbarkeiten). Dadurch kann es notwendig sein, einen lokalen Lieferanten durch regelmäßige kleinere Bestellungen als Reserve bereitzuhalten oder höhere Sicherheitsbestände vorzuhalten. Die höheren Preise, Doppelstrukturen oder erhöhten Sicherheitsbestände müssen berücksichtigt werden.
- Der Aufwand für Kommunikation mit dem Lieferanten ist erhöht. Insbesondere Besuche vor Ort (z. B. für Betriebsbesichtigungen oder technische Unterstützung für den Lieferanten durch eigene Techniker) führen zu erheblichen Mehrkosten.

Da verschiedene Einkaufsartikel völlig unterschiedliche Folgekosten nach sich ziehen können, gibt es keine Formel, die alle zu betrachtenden Parameter enthält. Je nach Warengruppe sind eigene Formeln zu entwickeln.

Je höher der Auftragswert, desto mehr Zeit kann investiert werden. Die Schwierigkeit kann darin liegen, dass der Wert mancher Parameter überhaupt nicht bekannt ist. Möglicherweise werden auch deshalb in vielen Unternehmen Entscheidungen über Millionenbeträge nach Bauchgefühl getroffen.

4.4 Das vorvertragliche Schuldverhältnis

Vertragsparteien können schon vor Unterzeichnung eines Vertrages rechtsverbindlich handeln. Anfrageunterlagen müssen beispielsweise auch dann vertraulich behandelt werden, wenn noch kein Vertrag abgeschlossen wurde. Das vorvertragliche Schuldverhältnis ist in § 311 Abs. 2 BGB geregelt:

> (2) Ein Schuldverhältnis mit Pflichten nach § 241 Abs. 2 entsteht auch durch
> 1. die Aufnahme von Vertragsverhandlungen,
> 2. die Anbahnung eines Vertrags, bei welcher der eine Teil im Hinblick auf eine etwaige rechtsgeschäftliche Beziehung dem anderen Teil die Möglichkeit zur Einwirkung auf seine Rechte, Rechtsgüter und Interessen gewährt oder ihm diese anvertraut, oder
> 3. ähnliche geschäftliche Kontakte.

Im § 241 heißt es dazu im BGB:

> (1) Kraft des Schuldverhältnisses ist der Gläubiger berechtigt, von dem Schuldner eine Leistung zu fordern. Die Leistung kann auch in einem Unterlassen bestehen.
> (2) Das Schuldverhältnis kann nach seinem Inhalt jeden Teil zur Rücksicht auf die Rechte, Rechtsgüter und Interessen des anderen Teils verpflichten.

4.5 Exkurs: Die Zuschlagskalkulation

Die Zuschlagskalkulation ist ein häufig eingesetztes Verfahren bei der Erstellung von Angeboten. Die Funktionsweise zu verstehen kann dabei helfen, bessere Einkaufspreise zu erzielen.

Bei der Zuschlagskalkulation werden die Kosten in Einzel- und Gemeinkosten aufgeteilt. Während die Einzelkosten dem Kostenträger direkt zugeordnet werden, rechnet man ihm die Gemeinkosten mithilfe von Zuschlagssätzen zu. Nachfolgend ein Beispiel für eine mehrstufige Zuschlagskalkulation:

	Materialeinzelkosten
+	Materialgemeinkosten
+	Fertigungseinzelkosten
+	Fertigungsgemeinkosten
+	Sondereinzelkosten der Fertigung
+	Verwaltungsgemeinkosten
+	Vertriebsgemeinkosten
+	Sondereinzelkosten des Vertriebs
=	Selbstkosten
+	Gewinnzuschlag
=	Barverkaufspreis
+	Skonto
=	Zielverkaufspreis
+	Rabatt
=	Listenverkaufspreis

Die Materialeinzelkosten können einem Produkt direkt zugeordnet werden. Ein Beispiel ist der zugekaufte Rohling, aus dem ein Teil produziert wird. Die Materialgemeinkosten können dem Produkt nicht direkt zugerechnet werden, die Beschaffungskosten gehören beispielsweise dazu. Durch Buchung der Kosten auf bestimmte Kostenstellen können Gemeinkosten anteilig auf Produkte umgelegt werden. Materialeinzelkosten und Materialgemeinkosten werden gemeinsam auch als Materialkosten bezeichnet.

Die Fertigungseinzelkosten können wiederum direkt dem Produkt zugeordnet werden. Hierzu gehören beispielsweise der Fertigungslohn oder die Maschinenkosten. Die Fertigungsgemeinkosten können dem Produkt nicht direkt zugeordnet werden. Beispiele sind die Kosten für das Fertigungsgebäude oder das Gehalt des Fertigungsleiters. Sondereinzelkosten der Fertigung fallen dann an, wenn beispielsweise unabhängig von der produzierten Stückzahl ein Spezialwerkzeug angeschafft werden muss. Fertigungseinzelkosten, Fertigungsgemeinkosten und Sondereinzelkosten der Fertigung werden in der Summe auch als Fertigungskosten bezeichnet.

Auch die Verwaltungsgemeinkosten und die Vertriebsgemeinkosten können keinem Produkt direkt zugeordnet werden. Die Gehälter in den entsprechenden Abteilungen zählen beispielsweise dazu, aber ebenso Büromaterialien und Ähnliches. Die Sondereinzelkosten des Vertriebs wiederum können bestimmten Aufträgen zugeordnet werden. Dazu zählen die Ausgangsfracht, sofern sie nicht vom Kunden übernommen wird, aber auch Provisionen für Vertriebsmitarbeiter, die auftragsabhängig gezahlt werden.

Die Summe aus all diesen Werten ergibt die Selbstkosten. Durch Addition des geforderten Gewinns ergibt sich der Barverkaufspreis. Ist mit dem Kunden Skonto vereinbart, so kann dieses zusätzlich addiert werden, um den Zielverkaufspreis zu erhalten. Falls das Produkt in einem Katalog gelistet ist, ergibt sich durch Addition des mit dem Kunden vereinbarten Rabatts der Listenverkaufspreis.

Bei der Zuschlagskalkulation handelt es sich um eine klassische Vorgehensweise zur Ermittlung des Verkaufspreises. Im modernen Vertrieb wird häufig jedoch so gearbeitet (Darstellung vereinfacht): Es wird versucht herauszufinden, was der Kunde maximal bereit wäre zu bezahlen. Dann wird geprüft, ob das Produkt bei diesem Preis noch gewinnbringend hergestellt werden kann. Falls ja, darf zu dem Preis angeboten werden. Daher kann es vorkommen, dass Produkte zu Preisen verkauft werden, die deutlich über den Herstellungskosten liegen – mehr dazu auf Seite 71.

ZUSAMMENFASSUNG

- Es ist ratsam festzulegen, wer im Unternehmen Anfragen und Bestellungen durchführen darf. Eine zu hohe Maverick-Buying-Quote kann zu vielerlei Problemen führen.
- Die Spezifikationen müssen bei einer Anfrage klar sein, es sollte keine Zusatzabsprachen geben.
- Bündelungen von Anfragen sowie Bezahlung in Fremdwährung können bei Anfragen zu niedrigeren Angebotspreisen führen.
- Mit dem Total-Cost-of-Ownership-Ansatz kann ein objektiver Preisvergleich erfolgen.
- Das vorvertragliche Schuldverhältnis regelt, dass Parteien bereits vor Vertragsbeginn rechtsverbindlich handeln können.

5 Verhandlungen

Verhandlungen sind besonders dann gewinnbringend, wenn ein ausgeglichenes Machtverhältnis zwischen beiden Parteien herrscht, d. h., wenn weder der Lieferant noch der Kunde die Konditionen aufgrund seiner Macht diktieren kann.

> **Beispiel:**
>
> Wird Software eines großen Konzerns installiert, müssen in der Regel die Lizenzbedingungen akzeptiert werden. Es ist sehr unwahrscheinlich, dass der Softwarehersteller bereit ist, individuelle Lizenzbedingungen für ein kleines Unternehmen auszuhandeln.

Die Grenzen des Machtbereichs sind jedoch variabel. Das Ziel kann auch sein, durch bestimmte Maßnahmen diese Grenzen zu verschieben.

> **Beispiel:**
>
> Wir kauften seit Jahren Teile beim gleichen Lieferanten. Bei Verhandlungen war er nicht bereit, den Preis zu senken, da er angeblich schon sehr niedrig sei. Daraufhin bestellten wir bei einem anderen Lieferanten, obwohl dieser nicht günstiger war. Ein Jahr später fragten wir die Teile wieder beim ursprünglichen Lieferanten an. Ohne zu verhandeln, erhielten wir einen um mehr als 10 % niedrigeren Preis wie zuvor.

Wenn gar nicht erst verhandelt werden muss, weil der Lieferant direkt niedrige Preise anbietet, wird viel Aufwand gespart. Merkt ein Lieferant hingegen, dass sein Kunde jedes Mal, wenn ihm das Angebot nicht gut genug ist, noch einmal anruft und nach einem besseren Angebot fragt, dann kann es vorkommen, dass die Angebote zukünftig schlechter werden. Es kann daher ratsam sein, Aufträge zu vergeben, ohne mit den unterlegenen Lieferanten noch einmal zu verhandeln, um so künftig bessere Erstangebote zu erhalten. Darüber hinaus ist es nicht ratsam, wenn bei einem Lieferanten 100 % aller Anfragen zu Bestellungen werden. Ist die Quote hingegen zu niedrig, dann verliert der Lieferant auf Dauer das Interesse, insbesondere wenn die Angebotserstellung zeitaufwendig ist. Welche Quote optimal ist, hängt von der Branche und vom individuellen Lieferanten ab.

In diesem Kapitel werden verschiedene Verhandlungsmethoden vorgestellt, da unterschiedliche Methoden zum Ziel führen können. Aus diesem Grund können sich die einzelnen Tipps auch widersprechen.

5.1 Verhandlungsgegenstände

Nicht nur der Preis ist ein Verhandlungsgegenstand. Es gibt unzählige weitere Elemente, über die verhandelt werden kann. Besonders leicht sind Zugeständnisse dann zu erreichen, wenn sie die andere Seite kaum schmerzen.

Im Folgenden sind, nach Kategorien gruppiert, verschiedene Verhandlungsgegenstände aufgelistet. Diese Liste kann bei der Vorbereitung von Verhandlungen zur Inspiration dienen.

Monetäre Elemente

- Artikelpreis
- Mengenrabatt
- Kombinationsrabatt (bei gleichzeitiger Bestellung mehrerer Artikel)
- Einmalkosten (z. B. Werkzeuge)
- Zahlungsbedingungen
- Vertragswährung
- Währungsschwankungsausgleich
- Preis für Folgeauftrag

Versand

- Verpackung
- Versandkosten
- Expresslieferung
- Gefahrenübergang (Incoterms®)
- Lieferzeit
- Lieferlosgröße
- Mindermengenzuschlag
- Über-/Unterlieferung

Abwicklung

- Dauer für Auftragsbestätigung
- Anbindung an ERP-System (z. B. Schnittstelle)
- Persönlicher Ansprechpartner
- Reklamationsbearbeitungsgebühr
- Zollabwicklung
- Lieferantenerklärungen (für Export)
- Materialbeistellungsbedingungen
- Bevorratungskonzept (z. B. Pufferlager, Konsignationslager)

Rechtliches

- Vertragslaufzeit
- Vertragsstrafen
- Gewährleistung
- Haftung
- Gültigkeit der Qualitätssicherungsvereinbarung (QSV)
- Gültigkeit der allgemeinen Einkaufsbedingungen (AEB)
- Kündigungsrechte
- Gerichtsstand

Sonstiges

- Qualitätsprüfungen
- Wartungsleistungen
- Umweltvorschriften
- Schulungen
- Ersatzteileverfügbarkeit
- Offene Kalkulation
- Exklusivitätsrechte
- Optionen für Folgeaufträge

5.2 Klassische kompetitive Verhandlungen

Bei kompetitiven Verhandlungen wird versucht, viel für sich selbst zu erreichen, ohne die Interessen der Gegenseite übermäßig zu berücksichtigen.

5.2.1 Vorbereitung

Vorbereitung ist die halbe Miete – bei Verhandlungen trifft dies besonders zu. Für die Vorbereitung sollte deutlich mehr Zeit eingeplant werden als für die Verhandlung selbst. Im Folgenden ein paar Punkte, die vor jeder Verhandlung vorbereitet werden sollten:

- Sind alle für die Verhandlung erforderlichen Daten aufbereitet? Wichtig ist beispielsweise die Umsatzentwicklung mit dem Lieferanten, auch im Vergleich zu dessen Wettbewerbern. Darüber hinaus sollten aktuelle Lieferantenbewertungen aufbereitet werden.
- Ist die Frage, ob die Verhandlung scheitern darf, beantwortet? Die Seite, die von einer Einigung weniger abhängig ist, hat mehr Verhandlungsmacht. Häufig ist zu beobachten, dass beide Seiten denken, die andere Seite habe jeweils mehr Verhandlungsmacht.
- Ist das Minimalziel geklärt, das erreicht werden muss?

- Kann eine realistische Einschätzung darüber getroffen werden, welches Ziel maximal erreicht werden kann?
- Was ist der Nutzen der Gegenseite? Vielleicht gibt es Dinge, die für die eigenen Interessen nicht allzu wichtig sind, für die Gegenseite aber einen großen Nutzen haben.
- Ist die Gesprächseröffnung geplant? Am Anfang sollten gleich alle guten Argumente dargelegt werden!
- Welche Informationen sollen der Gegenseite entlockt werden? Durch Kenntnis des Provisionsmodells des Verkäufers könnten z. B. Anknüpfungspunkte für Zugeständnisse gefunden werden.
- Ist der rote Faden klar, nach dem das Gespräch geführt werden soll? Es können auch verschiedene Szenarien geplant werden.
- Welche Einwände der Gegenseite sind zu erwarten und wie kann darauf gekontert werden?
- Sind Konsequenzen für die Gegenseite darstellbar, falls keine Einigung erzielt wird? Konsequenzen wirken besser als Argumente.

5.2.2 Fragetechnik

Eine der wichtigsten Techniken beim Verhandeln besteht darin, Fragen zu stellen. Wer nur selbst redet, wird nicht viel erfahren. Die Art und Weise, wie Fragen gestellt werden sollten, ist von entscheidender Bedeutung.

Die folgenden drei Fragen sind nicht optimal gestellt:
1. »Wie stark sinkt der Preis, wenn wir die Menge erhöhen?«
2. »Würden Sie auf die Preiserhöhung verzichten, wenn wir den Vertrag für 24 Monate abschließen würden?«
3. »Wenn Sie am Preis definitiv nichts mehr machen können, wie sieht es mit Zahlungsbedingungen und Versand aus?«

Die Fragen sind zu spezifisch. Bei der ersten Frage könnte der Verkäufer beispielsweise antworten »Gar nicht.«. Dann müsste darüber spekuliert werden, welcher Grund zu einer Preissenkung führen könnte, und es müsste nach diesem Grund gefragt werden. Es wäre abwegig alle Möglichkeiten durchzufragen.

Am besten eignen sich für Verhandlungen daher offene W-Fragen. Angewendet auf die eben genannten Fragen könnten diese beispielsweise folgendermaßen verbessert werden:
1. »Wodurch wird der Preis bestimmt?«
2. »Unter welchen Umständen würden Sie auf eine Preiserhöhung verzichten?«
3. »Wo sehen Sie noch andere Ansatzpunkte, damit wir zu einer Einigung kommen?«

Dieses Prinzip lässt sich im Allgemeinen auch auf Forderungen übertragen. Mit absoluten Forderungen kann selten ein Ergebnis erzielt werden, das besser als die Forderung ist. Daher sind relative Forderungen meist besser geeignet. Ein Beispiel hierfür sind Zielpreise. Sie erfahren gleich mehr dazu.

5.2.3 Zielpreise

Die Standardfrage von Verkäufern lautet: »Wo müssen wir denn preislich hinkommen?« Wenn diese Frage beantwortet wird, ist es sehr unwahrscheinlich, dass das nachfolgende Angebot einen Preis aufweist, der deutlich unter dem genannten Zielpreis liegt.

Verkaufspreise können völlig unabhängig von den Herstellungskosten sein. Die Wahrscheinlichkeit, dass der Käufer auf die Frage, wo man preislich hinkommen muss, den optimalen Zielpreis nennt, ist daher gering.

Beispiel:

Wir kauften einen Sensor ein. Im Fehlerfall konnte damit die Maschine abgeschaltet werden, um Schäden zu verhindern. Ich schätzte, dass die Herstellung des Sensors den Hersteller weniger als 50 € kostete. Der Listenpreis lag jedoch bei 1.800 €. Da wir große Mengen einkauften, erhielten wir den Sensor zum »Sonderpreis« von 1.300 €. Bei der Festsetzung des Listenpreises hatte der Hersteller sich wohl überlegt, wie groß der Nutzen für den Kunden wäre. Da dieser für den Kunden sehr groß war, konnte auch der Verkaufspreis sehr hoch gewählt werden. Der Sensor war patentiert, es gab keine Alternativen von anderen Herstellern.

Ein weiterer Punkt, der dagegenspricht, den Zielpreis zu nennen: Die Ziele des Verkäufers sind meist unbekannt. Es kann Konstellationen geben, unter denen der Verkäufer bereit ist, zu jedem beliebigen Preis zu verkaufen. Ebenso kann es vorkommen, dass ein Verkäufer überhaupt nicht verkaufen will, um bestimmte Kennzahlen zu erreichen.

Beispiel:

Ein Verkäufer hat vertraglich festgelegt, dass er eine Prämie erhält, wenn in einem Monat ein Bestelleingang von 1.000.0000 € erreicht wird. Bis zum letzten Tag des Monats hat der Verkäufer Bestellungen im Umfang von 999.000 € erhalten, ihm fehlen also nur noch 1.000 €, um sein Ziel zu erreichen. Sehr wahrscheinlich wäre er daher bereit, ein Produkt, das normalerweise für 2.000 € verkauft wird, diesmal zum Sonderpreis von 1.000 € zu verkaufen, wenn der Einkäufer ihm zusichern würde, noch am gleichen Tag zu bestellen. Aufgrund der im Beispiel verwendeten Zahlen mag es sich praxisfern anhören – derartige Prämienregelungen gibt es aber häufiger, als man vermuten mag.

Antworten auf die Frage »Wo müssen wir denn preislich hinkommen?« könnten beispielsweise lauten:

- »Wo läge denn Ihre Schmerzgrenze?«
- »Was wäre maximal machbar?«

Geschulte Verkäufer kennen diese Gegenfragen in der Regel – und hassen es dennoch, wenn Einkäufer sie stellen.

Es gibt aber auch ein paar Situationen, in denen das Nennen von Zielpreisen durchaus sinnvoll sein kann:

- Am Ende einer Verhandlung, um doch noch eine kleine Preissenkung zu erreichen.
- Wenn der Verhandlungspartner ein Verkäufer ist, der bereit ist, sehr viel für seinen Kunden durchzusetzen. Solche Verkäufer können sich dann beispielsweise intern in ihrem Unternehmen bei der Geschäftsleitung für niedrigere Preise einsetzen.
- Bei großen Preissenkungsprojekten, wenn ein langjähriger Preis beispielsweise halbiert werden soll. Dann kann es sinnvoll sein, gemeinsam nach Möglichkeiten zu suchen, um dieses Ziel zu erreichen.
- Bei sehr guten Partnerschaften – hier können Zielpreise signalisieren, dass eine ehrliche und offene Partnerschaft angestrebt wird.
- Bei chinesischen Lieferanten. Womöglich liegt der Grund darin, dass Chinesen zur Ausführung der Arbeit tendenziell klarere Angaben benötigen als Europäer, das ist aber nur eine Vermutung. Tatsache ist, dass es bei chinesischen Lieferanten oftmals von Erfolg gekrönt ist, wenn der Zielpreis genannt wird.

5.2.4 Der Ankereffekt

Der Ankereffekt beschreibt ein psychologisches Phänomen, nach dem sich Menschen bei der Entscheidungsfindung unbewusst von Anfangsinformationen (den »Ankern«) beeinflussen lassen, die jedoch in keinem Zusammenhang zur Entscheidung stehen sollten.

Die Psychologen Daniel Kahneman und Amos Tversky führten an der University of Oregon ein Experiment durch. Sie hatten ein Glücksrad mit Zahlen von 0 bis 100 so manipuliert, dass es nur bei den Zahlen 10 oder 65 stehen bleiben konnte. Sie ließen die Teilnehmer des Experiments am Rad drehen und die Zahl aufschreiben. Dann fragten sie zunächst, ob der Prozentsatz der afrikanischen Staaten unter den Mitgliedstaaten der Vereinten Nationen größer oder kleiner sei als die Zahl, die sie gerade aufgeschrieben hatten. Anschließend mussten die Teilnehmer schätzen, wie hoch der tatsächliche Prozentsatz afrikanischer Staaten in den Vereinten Nationen sei. Die Teilnehmer, bei denen das Glücksrad die Zahl 10 angezeigt hatte, schätzten den Wert im Mittel auf 25%. Bei den Teilnehmern, bei denen das Rad bei der Zahl 65 stehen geblieben war, lag der Schätzwert bei 45%, also signifikant höher.[4]

In einer Reihe von Studien wurde nachgewiesen, dass sich selbst Experten, wie beispielsweise Richter bei geforderten Schadensersatzsummen, auf diese Weise beeinflussen lassen.

Wie sich dieser Effekt bei Verhandlungen nutzen lässt, sollte damit klar sein: Insbesondere bei Zahlenwerten werden unrealistische Forderungen in den Raum gestellt, um so ein größeres Entgegenkommen der anderen Partei zu bewirken.

5.2.5 Verhandlungstipps

Im Folgenden ein paar einfach umzusetzende Tipps, die zu einem besseren Verhandlungsergebnis führen können:

- Das erste Angebot ist selten das bestmögliche Angebot. Daher ist es ratsam, es erst einmal nicht anzunehmen. Eine mögliche Formulierung dazu könnte sein: »Abgesehen von (…), was können Sie uns noch anbieten?«
- Es kann sein, dass der Verkäufer für die Preise und die Zahlungskonditionen Spielräume hat, die unabhängig voneinander sind – beispielsweise könnte es ihm erlaubt sein, maximal 20% Rabatt auf den Listenpreis zu geben und maximal 2% Skonto zu gewähren. Daher kann es von Vorteil sein, die Zahlungskonditionen getrennt zu verhandeln.
- Oft sind mehrere Verträge gemeinsam abzuschließen – beispielsweise eine Qualitätssicherungsvereinbarung, ein Rahmenvertrag und ein Mengenkontrakt. Die Verhandlungsposition kann geschwächt werden, wenn bestimmte Verträge schon unterschrieben sind. Beispielsweise wird ein Lieferant bei einer Qualitätssicherungsvereinbarung weniger dazu bereit sein, Zugeständnisse zu machen, wenn ein Mengenkontrakt schon zuvor unterschrieben worden ist. Wenn alle Verträge gemeinsam verhandelt werden, lassen sich daher tendenziell bessere Ergebnisse erzielen.

4 Quelle: Daniel Kahneman: Schnelles Denken, langsames Denken. München: Siedler-Verlag; 2012.

- Mithilfe eines sogenannten Mauertests kann am Ende einer Verhandlung geprüft werden, ob der Verhandlungspartner blufft und eigentlich noch mehr Zugeständnisse möglich wären. Eine mögliche Frage, um dies herauszufinden, lautet beispielsweise: »Angenommen, Sie würden den Auftrag nur ganz knapp verlieren, sollen wir Sie trotzdem nochmal kontaktieren, um Ihnen die Möglichkeit geben das Angebot nachzubessern?« Wird diese Frage mit »Ja« beantwortet, ist klar, dass der Verkäufer noch Spielraum hat.

5.2.6 Besonders harte Verhandlungstaktiken

Einige Verhandlungstaktiken sind besonders hart und überschreiten oft die Grenze dessen, was als fair empfunden wird. Auch wenn die Entscheidung getroffen wird, auf solche Taktiken zu verzichten, sollten sie dennoch bekannt sein, um sie zu erkennen, wenn sie vom Verhandlungspartner angewendet werden.

- **Good guy, bad guy**
  Als Variante des »Spiels« »Good cop, bad cop« ist diese Verhandlungstaktik aus vielen Filmen bekannt. Dazu werden zwei Verhandler der eigenen Partei benötigt. Während einer davon den kooperativen Partner spielt, kann der andere dreiste Forderungen stellen. Diese Forderungen können, sollten sie sich als übertrieben und nicht zielführend herausgestellt haben, vom anderen Partner wieder relativiert werden.
- **Salamitaktik**
  Mithilfe der Salamitaktik werden Forderungen scheibchenweise verhandelt. Weil jede Forderung für sich gesehen relativ harmlos erscheint, ist die Gegenseite möglicherweise eher bereit nachzugeben. Wichtig ist auch, in welcher Reihenfolge die Forderungen vorgetragen werden, dies sollte im Voraus geplant werden.
- **Verhandlungsführerwechsel**
  Mitten in der Verhandlung wird der Verhandlungsführer gewechselt. Der neue Verhandlungsführer kann dann beispielsweise Zugeständnisse wieder zurücknehmen.
- **Eingeschränkte Autorität**
  Beispiel: »Wenn Sie es schaffen, für unter 10.000 € anzubieten, dürfte ich selbst entscheiden, andernfalls müsste mein Chef das genehmigen – ich bin mir nicht sicher, ob wir dann zu einer Einigung kämen.«
- **Erzeugung von Verhandlungsmasse**
  Es werden Forderungen gestellt, die nicht wichtig sind. Im Gegenzug für den Verzicht auf diese Forderungen wird erwartet, dass dafür andere Forderungen erfüllt werden.
- **Extremforderungen**
  Es werden extrem hohe Forderungen gestellt. Dadurch erscheinen gemäßigtere Forderungen harmlos und können leichter erreicht werden.

- **Freitagnachmittagtrick**
  Kurz vor Feierabend wird am Freitagnachmittag darauf gedrängt, schnell eine Einigung zu erzielen. Dadurch, dass der Verkäufer das Wochenende beginnen will, ist er eventuell leichter bereit, Zugeständnisse zu machen. Noch wirkungsvoller ist diese Taktik kurz vor wichtigen Fußballspielen bei Weltmeisterschaften, wenn der Verhandlungspartner ein Fußballfan ist.
- **Vortäuschen von Visionen**
  Es werden große zukünftige Aufträge in Aussicht gestellt, damit der Lieferant eher gewillt ist, einen potenziell wichtigen Kunden an sich zu binden.
- **Falsche Anfragemappen**
  Es wird vor Ort mit einem Lieferanten verhandelt, dessen Angebot das einzige vorliegende Angebot ist. Um trotzdem den Eindruck zu erwecken, dass eine Wahlmöglichkeit besteht, kann eine Anfragemappe vorbereitet werden, die den Eindruck erweckt, dass auch Angebote anderer Lieferanten vorliegen.

5.3 Kooperatives Verhandeln: Das Harvard-Konzept

Mit vielen der bisher vorgestellten Prinzipien sind klassische kompetitive Verhandlungen möglich, oft werden diese auch als harte Verhandlungen bezeichnet. Dem gegenüber stehen kompromissbereite, weiche Verhandlungen, bei denen der Gegenseite mehr Zugeständnisse eingeräumt werden. Es ist wichtig, die Art der Verhandlungen ein Stück weit der Gegenseite anzupassen und nicht immer in die gleichen Muster zu verfallen. Verhandlungen im Orient laufen typischerweise anders ab als Verhandlungen in Japan.

Die beiden klassischen Verhandlungsmethoden können große Schwächen haben, was an einem bekannten Beispiel gezeigt werden soll.

Beispiel:

Eine Mutter zweier Töchter hat noch genau eine einzige Orange. Gleichzeitig kommen die Töchter angerannt und rufen beide: »Ich will die ganze Orange haben!« Was soll die Mutter nun tun? Die intuitiven Antworten wie »Orange halbieren«, »auslosen« oder »die Person bestimmen, die sie bekommen soll« würden unweigerlich zu Missmut bei der zu kurz gekommenen Tochter führen. Die Mutter stellt jedoch die Frage: »Warum wollt ihr die Orange haben?« Es stellt sich heraus, dass eine Tochter Orangensaft herstellen will und die andere Tochter einen Kuchen aus der Schale backen will – beide können daher gleichzeitig ihre Ziele erreichen.

Das Harvard-Konzept wurde von Roger Fisher und William Ury als dritter Weg entwickelt und wird im sehr empfehlenswerten Buch »Getting to Yes« (weitere Informationen zum Buch auf Seite 187) erläutert. Es handelt sich dabei um eine sachbezogene Verhandlungsmethode, die mehr als ein klassischer Kompromiss ist. Das Ziel ist der größtmögliche Nutzen für beide Seiten. Gewinne der einen Seite sollen nicht die Verluste der anderen Seite sein.

5.3.1 Die vier Prinzipien des Harvard-Konzepts

Das Harvard-Konzept basiert auf vier Prinzipien. Wenn diese beachtet werden, kann die bestmögliche Lösung für alle gefunden werden.

Prinzip 1: Menschen und Sachfragen trennen
Die Sachfragen und Probleme sollen losgelöst von den Menschen betrachtet werden, Emotionen sollten ausgeblendet werden. Das Motto lautet: »Hart in der Sache, aber weich zu den Menschen.« Die Probleme des Gegenübers sollten in Ruhe angehört werden, um seine Interessen zu verstehen.

Prinzip 2: Interessen in den Mittelpunkt stellen, nicht Positionen
Mithilfe des zuvor erläuterten Beispiels mit der Orange lässt sich der Unterschied zwischen einer Position und einem Interesse gut erklären. Die Position jeder Tochter ist in diesem Beispiel gleich: Sie wollen beide die Orange haben. Die Interessen sind jedoch verschieden: Eine Tochter hat das Interesse, Orangensaft zu machen, während die andere einen Kuchen backen will. Die Frage nach dem »Warum« kann die Interessen deutlich machen. Dadurch wird ein Feilschen um Positionen vermieden.

Prinzip 3: Optionen entwickeln, von denen alle profitieren
Im Beispiel mit der Orange wurde genau solch ein Option entwickelt. Beim Entwickeln der Vorschläge ist Kreativität gefragt: Besonders bei komplexen Problemen sollte nicht nur eine Lösung gesucht werden, sondern eine Vielzahl an Möglichkeiten entwickelt werden, die im Anschluss auf Nützlichkeit für beide Seiten beurteilt werden können.

Prinzip 4: Auf objektiven Kriterien bestehen
Das Ergebnis der Verhandlung soll auf objektiven Entscheidungsprinzipien aufbauen, die vor der Verhandlung festzulegen sind, damit sich keine Seite im Nachhinein ungerecht behandelt fühlt. Beim Beispiel mit der Orange hätte die eine Tochter ihr Ziel zu 100 % erreicht, wenn sie ein Glas mit z. B. 100 ml frisch gepresstem Orangensaft herstellen könnte. Die andere Tochter hingegen hätte ihr Ziel zu 100 % erreicht, wenn sie den gewünschten Kuchen backen könnte.

5.3.2 Alternativen bei Nichteinigung

Auch bei Verhandlungen nach dem Harvard-Konzept kann es vorkommen, dass kein Vertragsabschluss erzielt wird. Roger Fisher und William Ury führten dazu das Konzept der sogenannten BATNA ein. BATNA steht für »Best Alternative To a Negotiated Agreement«, also der besten Alternativoption zu einer Einigung. Vor einer Verhandlung sollte überlegt werden, was die eigene BATNA ist. Jegliche Verhandlungsergebnisse, die schlechter als die BATNA sind, sind nicht akzeptabel.

Der Einfachheit halber soll zunächst ein sehr einfacher eindimensionaler Fall betrachtet werden: Ein Einkäufer und ein Verkäufer sollen sich auf einen Preis für einen Artikel einigen. Der Einkäufer könnte den Artikel zu bestimmten Kosten auch selbst herstellen, was seine BATNA wäre. Der Verkäufer hingegen darf nicht unter den Selbstkosten verkaufen. Nur, wenn es einen überlappenden Preisbereich gibt, in dem beide einem Abkommen zustimmen würden, wäre eine Einigung möglich.

Beim Harvard-Konzept geht es jedoch darum, sich von dieser Eindimensionalität zu lösen. Je weniger eindimensional eine Verhandlung ist, desto besser kann das Harvard-Konzept angewendet werden. Es lässt sich übrigens auch auf viele andere Bereiche übertragen, z. B. auf das Personalwesen. Mitarbeitern sind beispielweise oft Dinge wichtig, die Unternehmen problemlos erfüllen können.

ZUSAMMENFASSUNG

- Zusätzlich zum Preis gibt es unzählige weitere Verhandlungsgegenstände.
- Wohlüberlegte Fragen, die zu einem Verstehen der Interessen der Gegenpartei beitragen, sind der Schlüssel zu erfolgreichen Verhandlungen.
- Das Nennen von absoluten Forderungen führt meist dazu, dass keine Lösungen angeboten werden, die besser als die Forderungen sind.
- Menschen lassen sich bei der Entscheidungsfindung unbewusst von Anfangsinformationen (den »Ankern«) beeinflussen, die jedoch in keinem Zusammenhang zur Entscheidung stehen sollten.
- Das Harvard-Konzept ist eine Verhandlungsmethode, mit der Ergebnisse zum größtmöglichen Nutzen aller gefunden werden können. Die Prinzipien lauten:
  1. Menschen und Sachfragen trennen.
  2. Interessen in den Mittelpunkt stellen, nicht Positionen.
  3. Optionen entwickeln, von denen alle profitieren.
  4. Auf objektiven Kriterien bestehen.
- Jegliche Verhandlungsergebnisse, die schlechter als die BATNA (»Best Alternative To a Negotiated Agreement«) sind, sind nicht akzeptabel.

6 Bestellungen

In kleinen Unternehmen werden häufig einfach Bestellungen platziert und es gibt keine Rahmenverträge. Der Abschluss von Rahmenverträgen bietet jedoch zahlreiche Vorteile.

6.1 Gründe für einen Rahmenvertrag/Mengenkontrakt

Zunächst einige Begriffsbestimmungen zur Abgrenzung von Rahmenverträgen, Mengenverträgen und Wertkontrakten.

Ein Rahmenvertrag ist im engeren Sinne ein Vertrag, in dem allgemeine Fragen zwischen Lieferant und Kunde geregelt werden (wie z. B. Lieferbedingungen, Zahlungsziele oder Gewährleistung), sodass nicht bei jeder Bestellung alles wieder verhandelt werden muss. Bei Mengenkontrakten werden Waren mit festen Mengen und Preisen bestellt, jedoch erfolgt noch keine Bestellung der Mengen zu bestimmten Lieferterminen, dies geschieht erst mit den Abrufbestellungen. Zusätzlich gibt es noch Wertkontrakte, bei denen ein bestimmtes Auftragsvolumen innerhalb eines Zeitraumes festgelegt wird, ohne genaue Mengen für die Artikel zu definieren.

In der Praxis wird der Begriff Rahmenvertrag jedoch nicht einheitlich verwendet. Manchmal wird darunter nur ein übergeordneter Vertrag verstanden, so wie es oben beschrieben wurde. Zusätzlich zum Rahmenvertrag sind demnach Mengen- oder Wertkontrakte sowie Abrufbestellungen zu platzieren. In vielen Unternehmen wird aber keine Unterscheidung zwischen Rahmenvertrag und Mengenkontrakt gemacht, dort gibt es nur einen Vertrag, der beides gleichzeitig abbildet und ebenfalls als Rahmenvertrag bezeichnet wird. Auch bei vielen ERP-Systemen gibt es die Unterscheidung der Begriffe nicht, Mengenkontrakte werden dort als Rahmenverträge bezeichnet.

Für Rahmenvertrag und Mengenkontrakt zwei getrennte Verträge abzuschließen ist insbesondere bei den wichtigen Lieferanten (A-Lieferanten und gegebenenfalls auch B-Lieferanten) vorteilhaft. In Rahmenverträgen können Lerneffekte der Vergangenheit berücksichtigt werden. Bei kombinierten Verträgen besteht die Gefahr, dass Klauseln aus einem bestimmten alten Vertrag herauskopiert und andere Klauseln vergessen werden.

Grundsätzlich ist eine hohe Quote an Rahmenverträgen und Mengenkontrakten anzustreben. Positive Effekte sind:

- **Kostenersparnis**
  Ein Mengenkontrakt wird in der Regel über deutlich größere Mengen abgeschlossen, als es bei einer Einzelbestellung der Fall wäre. Dadurch kann der Lieferant bei seinen Vorlieferanten ebenso Mengenkontrakte abschließen und sich über die größeren Mengen günstigere Preise sichern. Zudem kann die Fertigung nach Effizienzgesichtspunkten geplant werden. Es sollte sichergestellt sein, dass die Gesamtmenge auch wirklich benötigt wird, da sonst aufgrund der Abnahmeverpflichtung aus der Kostenersparnis ein finanzielles Fiasko werden kann.
- **Liefersicherheit**
  Wenn der Lieferant verpflichtet wird, das Vormaterial einzukaufen (manche Lieferanten fordern dafür jedoch Vorfinanzierungen) oder zumindest ebenfalls Mengenkontrakte bei seinen Lieferanten für das Vormaterial abzuschließen, wird die Liefersicherheit erhöht. Selbst wenn die Mengen eines Mengenkontraktes zu klein sind, um Preisvorteile zu erzielen, kann so die Liefersicherheit erhöht werden – daher kann auch bei relativ kleinen Mengen über Mengenkontrakte nachgedacht werden.
- **Aufwandsersparnis**
  Im Rahmenvertrag können Bedingungen vereinbart werden, die somit nicht bei jeder Bestellung neu ausgehandelt oder angegeben werden müssen.

Auch für Nicht-Produktionsmaterial sollte geprüft werden, ob der Abschluss von Mengenkontrakten sinnvoll ist, hier können große Potenziale schlummern.

> **Beispiel:**
>
> Unsere Auszubildende sollte Reinigungstücher bestellen, die in der Produktion regelmäßig benötigt wurden. Da ich sie zu diesem Zeitpunkt betreute, half ich ihr bei der Bestellung und musste dabei selbst etwas über das Produkt recherchieren. Es stellte sich heraus, dass wir ca. alle zwei Wochen diese Tücher für jeweils ungefähr 800 € bestellten. Aufs Jahr gerechnet gaben wir 20.000 € aus. Damit lag der nächste Ausbildungsinhalt auf der Hand: Abschluss eines Mengenkontraktes. Wir schlossen einen Mengenkontrakt ab, bezahlten für die gleiche Menge nur noch 13.000 € und sparten viel Zeit für den verminderten Aufwand der Abrufbestellungen ein.

6.2 Die optimale Bestellmenge

Welche Stückzahl eines Artikels sollte jeweils auf einmal bestellt werden, um ökonomisch zu wirtschaften? Wird häufig bestellt, dafür aber stets kleine Mengen, dann steigt der Bestellaufwand ins Unermessliche. Wird hingegen selten bestellt, dafür aber jeweils große Mengen, dann fallen hohe Kosten für die Lagerhaltung an und es wird viel Kapital gebunden. Die optimale Bestellmenge muss demnach irgendwo dazwischen liegen.

Im Folgenden wird ein Modell betrachtet, das als »klassische Losformel« oder »Andler-Formel« bekannt ist. Es wurde ursprünglich zur Ermittlung der optimalen Größe von Fertigungslosen entwickelt, lässt sich aber ebenso zur Ermittlung der optimalen Bestellmenge nutzen. Das Ziel ist es, die jährlichen Kosten *K* in Abhängigkeit von der Bestellmenge *x* eines Artikels darzustellen, also *K (x)*. An dem Punkt, an dem diese Funktion ihr Minimum hat, liegt die optimale Bestellmenge.

j = benötigte Jahresmenge
x = Bestellmenge
B = Bestellkosten je Bestellung
l = Lagerkostensatz
P = Einkaufspreis
K = jährliche Kosten (Bestellung + Lagerung)

Zunächst sollen die oben erwähnten Kosten betrachtet werden, die für jede Bestellung anfallen. Diese umfassen die Kosten für die komplette Bestellabwicklung im Einkauf (von der Bestellung bis zur Rechnungsprüfung), die Versandkosten sowie die Kosten für die Warenannahme und das Einlagern der Ware. Diese Kosten je Bestellung werden als *B* bezeichnet und sollen für den jeweiligen Artikel konstant sein, also unabhängig von der bestellten Menge. Die benötigte Jahresmenge des Artikels wird als *j* bezeichnet. Die jährlich anfallenden Kosten für die Bestellungen des Artikels betragen also

$$\textit{Jährliche Kosten je Bestellung} = \frac{j}{x} * B$$

Ein kleines Beispiel zum Verständnis:

Die benötigte Jahresmenge eines Artikels betrage *j=200* Stück. Es werden jeweils *x=50* Stück auf einmal bestellt. Demnach gibt es *j/x= 4* Bestellungen pro Jahr. Wird von Bestellkosten in Höhe von *B=150*€ ausgegangen, dann betragen die jährlichen Bestellkosten in diesem Fall 600€.

In Abbildung 10 ist eine grafische Darstellung zu sehen: Die gekrümmte gestrichelte Linie stellt die jährlichen Kosten je Bestellung dar. Daran ist zu erkennen, dass die jährlichen Kosten je Bestellung ins Unermessliche gehen, wenn die Bestellmenge gering ist.

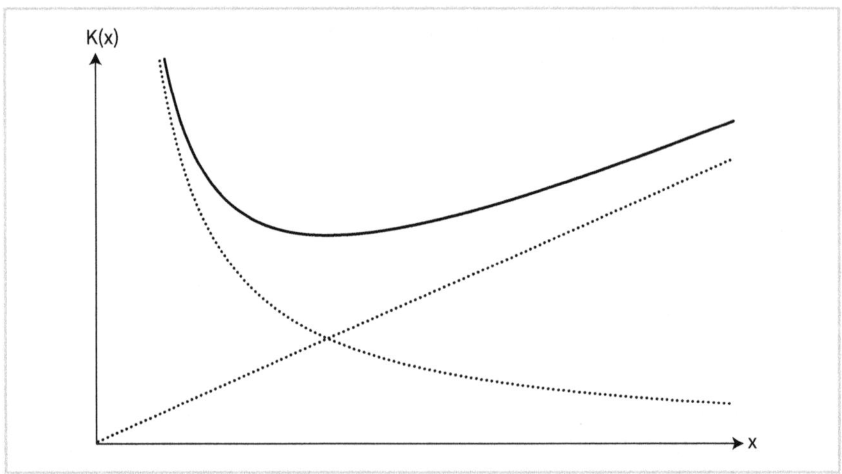

Abb. 10: Die optimale Bestellmenge liegt bei der Menge vor, bei die obere durchgezogene Kurve ihr Minimum hat

Nun sollen die Kosten betrachtet werden, die für die Lagerung anfallen. Dabei wird die Variable *l* eingeführt, die den Lagerkostensatz bezeichnen soll, wobei

$$l = \frac{Lagerkosten}{\varnothing\ Lagerbestand} + Kapitalzinssatz$$

Der erste Term auf der rechten Seite des Gleichheitszeichens, gibt an, welcher Prozentsatz des Artikelwertes für die Lagerhaltung anfällt. Beträgt er beispielsweise 10 %, dann fallen für einen Artikel im Wert von 20 € jährliche Lagerkosten in Höhe von 2 € an. Die Kosten der Lagerhaltung hängen in diesem Modell demnach ausschließlich vom Artikelpreis ab und nicht beispielsweise von den Abmessungen des Artikels. Wird zu diesem Wert der für das Unternehmen geltende Kapitalzinssatz von z. B. 5 % addiert, dann ergibt sich der Lagerkostensatz *l*, in diesem Beispiel wäre er 10 % + 5 % = 15 %. Wenn *P* den Preis des zu betrachtenden Artikels bezeichnet, ergibt sich für die jährlichen Kosten der Lagerhaltung:

$$Jährliche\ Lagerhaltungskosten = \frac{x * P * l}{2}$$

$x * P$ stellt den Wert der bestellten Ware dar. Wird von einem kontinuierlichen Verbrauch sowie von sofortigem Auffüllen des Artikels bei Bestand Null ausgegangen, dann beträgt der durchschnittliche Wert des auf Lager befindlichen Artikels genau die Hälfte davon – daher der Faktor 2 im Nenner. Durch Multiplikation mit dem Lagerkostensatz, ergeben sich die jährlichen Lagerhaltungskosten.

Wieder zurück zum Beispiel von vorhin: Es werden immer 50 Stück auf einmal bestellt, der Preis des Artikels betrage 20 € und der Lagerkostensatz 15 %. Somit ergeben sich jährliche Lagerhaltungskosten in Höhe von 75 €. Abbildung 10 zeigt dies grafisch: Die jährlichen Lagerhaltungskosten, dargestellt durch die gerade gestrichelte Linie, steigen proportional zur Bestellmenge an.

Alle bisherigen Erkenntnisse zusammengefasst: Zu Beginn wurden die jährlichen Kosten pro Bestellung ausgerechnet – also das Produkt aus der Anzahl der Bestellungen pro Jahr und den Kosten pro Bestellung. Zudem sind nun die jährlichen Lagerhaltungskosten bekannt, deren Berechnung etwas komplizierter war und einiger Annahmen bedurfte. Die jährlichen Bestellkosten *K (x)*, deren Minimum gesucht wird, entspricht der Summe aus beiden, also

$$K(x) = \frac{j}{x} * B + \frac{x * P * l}{2}$$

Gesucht ist die optimale Bestellmenge – also der Wert, bei dem die Kosten *K (x)* minimal sind. Das ist dann der Fall, wenn die erste Ableitung gleich Null ist, also:

$$K'(x) \stackrel{!}{=} 0.$$

$$K'(x) = -\frac{j}{x^2} * B + \frac{P * l}{2} \stackrel{!}{=} 0$$

Nun wird die Gleichung nach *x* aufgelöst.

$$x = \pm\sqrt{\frac{2 * j * B}{P * l}}$$

Nur die positive Lösung ist sinnvoll. Die minimalen jährlichen Bestellkosten ergeben sich demnach bei der Menge

$$x_{K=min} = \sqrt{\frac{2 * j * B}{P * l}}$$

Mit den Beispielzahlen von zuvor wäre *x = 141*, es sollte also jeweils eine Menge bestellt werden, die achteinhalb Monate lang reichen würde. In Abbildung 10 sehen Sie wieder die grafische Darstellung: Die dargestellte obere durchgezogene Kurve ist die Summe der beiden unteren gestrichelten Kurven.

Die Formel ist erstaunlich einfach. Sind die Parameter *j*, *B*, *P* und *l* bekannt, dann lässt sich die optimale Bestellmenge schnell berechnen. Denkbar ist auch eine kleine Erweiterung des Modells. Sie könnte darin liegen, dass die Bestellkosten bei A-, B- und C-Teilen unterschiedlich hoch angesetzt würden. Dennoch wird diese Formel im Einkauf von mittelständischen Unternehmen nur selten angewendet. In dem Modell sind zu viele realitätsferne Angaben nötig, um auf das Ergebnis zu kommen, wie beispielsweise:

- Die Kosten für die Lagerhaltung hängen vom Preis des Artikels ab, nicht jedoch von dessen Abmessungen.
- Der Preis des Artikels ist unabhängig von der Bestellmenge – in der Regel sinkt der Preis aber mit der bestellten Menge (es sei denn, ein Mengenkontrakt wäre vorhanden).
- Der Jahresbedarf des Artikels wird konstant über die Zeit verbraucht.
- Der Kapitalzinssatz ist konstant.
- Die Bestellkosten sind konstant und unabhängig von der Menge.
- Es gibt keinen Mindestbestand.

Daneben werden andere wichtige Kriterien gar nicht berücksichtigt.

Anstatt vor jeder Bestellung die optimale Bestellmenge zu ermitteln, ist es meist sinnvoller, Pro- und Kontrapunkte grob abzuwägen. Für eine große Bestellmenge sprechen folgende Punkte:

- Tendenziell ist ein besserer Preis beim Lieferanten erzielbar.
- Die Verpackungs- und Transportkosten fallen prozentual weniger ins Gewicht.
- Der Aufwand für die kaufmännische Abwicklung der Bestellungen reduziert sich.
- Der Aufwand für die Wareneingangsprüfung wird geringer (falls eine durchgeführt wird).
- Der Aufwand beim Einlagern der Ware sinkt ebenfalls.
- Es gibt ein geringeres Risiko, dass zwischenzeitlich keine Ware vorhanden ist, weil der Bestand seltener im niedrigen Bereich ist.

Für kleine Bestellmengen spricht:

- Die Kapitalbindung ist geringer.
- Die Lagerungskosten sind ebenfalls geringer.
- Falls kurzfristige Produktänderungen durchgeführt werden, ist weniger Ware vorhanden, die dann nicht mehr verwendet werden kann.
- Der Schaden, wenn falsch spezifiziert wurde, ist geringer.
- Falls keine Chargenführung der Artikel angewendet wird, ist die Rückverfolgbarkeit geringer.
- Falls die Ware ein Mindesthaltbarkeitsdatum hat: Das Risiko ist geringer, dass dieses Datum überschritten wird und die Ware nicht mehr verwendbar ist.

Die Kapitalbindung kann in unterschiedlichen Unternehmen einen völlig anderen Stellenwert haben. Während es in größeren Unternehmen mit großen Kapitalreserven manchmal fast keine Rolle spielt, wie viel Kapital gebunden ist, ist die Situation bei Start-ups eine andere: Die Kapitalzinssätze, die hier bezahlt werden müssten, können im zwei- oder sogar dreistelligen Prozentbereich liegen – falls überhaupt jemand bereit wäre dem Unternehmen Geld zu leihen.

Am meisten Geld wird übrigens gespart, wenn eine Bestellung überhaupt nicht gemacht werden muss – durchschnittliche Bestellkosten liegen laut Bundesverband Materialwirtschaft, Einkauf und Logistik e.V. (BME) in der Größenordnung von 100€. Sollten dem Lieferanten Vorprodukte beigestellt werden, könnte beispielsweise dazu übergegangen werden, dass der Lieferant alle Vorprodukte selbst einkauft – damit wäre der Aufwand für die Beschaffung der Vorprodukte eingespart.

6.3 Bestellvorbereitungen

Die Liste von Verhandlungsgegenständen auf Seite 68. kann auch als eine Checkliste verwendet werden, um zu prüfen, ob beim Vorbereiten einer Bestellung wirklich an alles gedacht wurde. Im Folgenden ein paar Erläuterungen zu Punkten, die erfahrungsgemäß zu wenig bedacht werden.

6.3.1 Prüfungen

Bei der Bestellung kann abschließend kontrolliert werden, ob das Teil durch die Spezifikationen vollständig beschrieben ist.

Nach der Produktion sollte der Lieferant prüfen, ob die geforderten Spezifikationen eingehalten werden. Eine Möglichkeit besteht darin, dies vollständig ihm zu überlassen. Alternativ können z.B. in technischen Zeichnungen Prüfmaße eingetragen werden, die durch abgerundete Rahmen dargestellt werden. Diese kennzeichnen Maße, die im Rahmen der Qualitätssicherung besonders zu überwachen sind.

Darüber hinaus ist zu überlegen, welche Prüfprotokolle der Lieferant erstellen und versenden soll.

6.3.2 Rückverfolgbarkeit

Es ist nie auszuschließen, dass erst beim Einsatz durch den Kunden Fehler aufgedeckt werden. Sollte sich dann herausstellen, dass beispielsweise ein fehlerhaftes Material verbaut worden ist, dann ist es wichtig herauszufinden, in welchen schon gelieferten Systemen das fehlerhafte Material ebenfalls verwendet worden ist. Daher sollte bei jedem Artikel, der bestellt wird, zumindest einmal überlegt werden, ob eine Rückverfolgbarkeit nötig sein könnte. Falls ja, muss sichergestellt werden, dass auch der Lieferant die Rückverfolgbarkeit gewährleisten kann. Mithilfe einer Qualitätssicherungsvereinbarung mit dem Lieferanten kann festgelegt werden, bei welchen Teilen die Rückverfolgbarkeit grundsätzlich notwendig ist. Auch die Aufbewahrungsfristen für solche Informationen sollten festgelegt werden. Hierbei können dann auch gleich die Aufbewahrungsfristen für Prüfprotokolle festgelegt werden.

6.3.3 Beistellungen

Von einer Beistellung wird gesprochen, wenn einem Lieferanten Vorprodukte, die er benötigt, zur Verfügung gestellt werden. Beistellungen sind für den Einkäufer mit einem hohen Aufwand verbunden. Außerdem kann es bei Qualitätsproblemen mit Lieferanten zu Diskussionen kommen, ob die schlechte Qualität auf die Beistellung oder auf den Lieferanten zurückzuführen ist. Das Ziel sollte daher sein, dass die Lieferanten alle Vorprodukte selbst einkaufen. Lässt sich eine Beistellung nicht vermeiden, so gibt es zur Abbildung des Vorgangs folgende Möglichkeiten:

1. Das Material wird an den Lieferanten verkauft. Diese Möglichkeit ist die eleganteste. Buchungen und Bestände sind richtig abgebildet, zudem muss bei der Inventur nicht der Bestand im Lieferantenlager gezählt werden. Aus Lieferantensicht hat diese Variante den Nachteil, dass er selbst dafür haftet, wenn er die Ware beschädigt. Daher lassen sich manche Lieferanten nicht auf diese Vorgehensweise ein.
2. Wird das Material dem Lieferanten kostenlos beigestellt, müssen die Lagerbuchungen sorgfältig durchgeführt werden. Im ERP-System ist das Lager des Lieferanten anzulegen, auf das die Ware umgebucht werden muss. Falls eine Inventur stattfindet, muss die Ware vom Lieferanten gezählt werden. Zudem ist zu beachten, dass die umgelagerte Ware nach erfolgter Produktion aus dem Lieferantenlager weggebucht werden muss – je nach ERP-System kann dieser Vorgang manuell sein. Ein Problem können die Kalkulationen bereiten: Da dem Lieferanten kostenlos Ware beigestellt wird, ist der Verkaufspreis des Lieferanten geringer als der eigentliche Wert der Ware. In manchen ERP-Systemen kann dieser Fehler mit ausgefeilten Funktionen korrigiert werden. Alternativ kann man die Bestellung leicht modifizieren, damit die Preise richtig abgebildet werden. Angenommen, ein unlackiertes Gehäuse im Wert von 20 € solle für 10 € lackiert werden, dann würde in der Bestellung das lackierte Gehäuse mit 30 € angegeben werden, zusätzlich gäbe es noch eine weitere Position namens »Beistellung« mit einem Wert von -20 €, die Summe beider Positionen beträgt also wieder 10 €. Soll verhindert werden, dass der Lackierer den Wert des Gehäuses erfährt, dann könnte die Bestellung erst nach Versand an den Lieferanten entsprechend angepasst werden.

6.3.4 Lieferlose/Verpackungseinheit

Manchmal kann es sich lohnen, in bestimmten Mengen anliefern zu lassen bzw. auf eine bestimmte Verpackungsgröße zu setzen.

> **Beispiel 1:**
>
> Bei der Fertigung unserer Elektromotoren wurden von jedem Mitarbeiter in einem Fertigungslos 40 Stück gefertigt – der Mitarbeiter richtete sich das Material für diese 40 Stück zu Beginn seiner Arbeitsschicht. Wir entwickelten daher Anlieferverpackungen für die Gehäuse der Motoren, in die genau 40 Stück passten. Die Außenmaße der Verpackung waren wiederum so gewählt, dass sie in unsere Standardkisten passten und zudem darin gestapelt werden konnten.

> **Beispiel 2:**
>
> Wir bestellten große Batterien, die auf Paletten angeliefert wurden. Die deutsche Niederlassung bekam aus Asien immer Paletten mit 32 Stück angeliefert. Da wir stets das Vielfache von 32 Stück bestellten, sparten wir dem Lieferanten viel Aufwand, was eine gute Ausgangsbasis für Preisverhandlungen darstellte.

6.3.5 Versand

Der Versand kann entweder komplett vom Lieferanten abgewickelt werden oder über einen eigenen Versanddienstleister.

Der beste Fall liegt dann vor, wenn die Lieferung frei Haus erfolgt. Aber gemäß dem Motto »There ain‹t no such thing as a free lunch« werden die Kosten oft über einen höheren Produktpreis bezahlt. Eine pragmatische Vorgehensweise besteht darin, dass der Lieferant zwar selbst den Versand organisiert, aber die Versandkosten in Rechnung stellt, auch wenn deren Höhe vorher nicht explizit abgesprochen wurde. Wenn der Lieferant den Versand organisiert, wird Aufwand für die Organisation gespart. Selten haben die Einkäufer aber einen Überblick darüber, wie viel im Jahr von jedem Lieferanten berechnet wird.

Mehr Aufwand entsteht, wenn der Versand selbst organisiert wird, beispielsweise durch die Beauftragung eines Spediteurs. Dieser Aufwand kann verringert werden, indem den Lieferanten die Kundennummern, die man bei den Versanddienstleistern hat, mitgeteilt werden – diese können dann auf Kosten ihrer Kunden versenden. Die großen Versanddienstleister wie UPS oder FedEx versenden typischerweise Sammelrechnungen. Je größer ein Unternehmen ist und je mehr verschiedene Mitarbeiter Bestellungen durchführen, desto schwieriger kann die Überprüfung dieser Rechnungen werden, da es dann zu Unklarheiten kommen kann, ob einzelne Positionen gerechtfertigt sind und ob die Höhe des Betrags jeweils stimmt. Der Versand über das eigene Kundenkonto hat jedoch auch einen großen Vorteil: Je mehr bei einem Versanddienstleister jährlich ausgegeben wird, desto niedriger werden die Preise pro Sendung. Daher sollte die Versandstrategie ab und zu überprüft werden.

6.4 Wichtige Angaben auf Bestellungen

Nachfolgend werden Angaben auf Bestellungen erläutert, die von großer Bedeutung sind und bei denen häufig Probleme auftreten.

6.4.1 Versionsindex

Ist ein Artikel versioniert, sollte der Versionsindex auf der Bestellung angegeben werden. Wenn ein Lieferant noch im Besitz einer veralteten Spezifikation ist, könnte sonst versehentlich nach dieser Spezifikation produziert werden.

In vielen ERP-Systemen lässt sich die Artikelnummer der Lieferanten hinterlegen, damit können die Lieferanten die Artikel leichter zuordnen. Hier ist bei Versionswechseln große Vorsicht geboten.

> **Beispiel:**
>
> Wir bestellten eine Leiterplatte mit einem neuen Versionsstand, die Leiterplatte war in einer früheren Version bereits von diesem Lieferanten produziert worden. In unserem ERP-System war die Artikelnummer des Lieferanten hinterlegt und wurde automatisch auf die Bestellung gedruckt. Leider hatte der Lieferant bei der Versionsänderung eine neue Artikelnummer angelegt, diese war in unserem System nicht angepasst worden und es wurde falsche Ware geliefert. Wir blieben auf dem Schaden sitzen. Eine genaue Kontrolle der Auftragsbestätigung hätte den Fehler aufgedeckt.

6.4.2 Liefertermin

Zu jeder Bestellung gehört ein konkret angegebener Liefertermin – »so schnell wie möglich« sollte nicht angegeben werden. Welcher Liefertermin sollte aber angegeben werden, wenn klar ist, dass der Lieferant den gewünschten Liefertermin nicht einhalten kann?

> **Beispiel:**
>
> Kunden kauften bei uns Objektive als Zubehör, diese stellten wir jedoch nicht selbst her. Ein Kunde wollte ein Objektiv so bald wie möglich geliefert haben. Nach telefonischer Anfrage beim Hersteller stellte sich heraus, dass das Objektiv eine Lieferzeit von 14 bis 16 Wochen haben werde, trotz der langen Lieferzeit bestellte der Kunde. Ich wiederum bestellte das Objektiv beim Hersteller mit Wunschliefertermin in der kommenden Woche. Der Lieferant rief mich verwundert an und sagte, dass ich doch wisse, dass es nicht so schnell lieferbar sei.

Im Beispiel hätte auch einfach ein Wunschliefertermin in 14 Wochen angegeben werden können. Falls aber beispielsweise nach 10 Wochen Priorisierungen beim Lieferanten stattfinden sollten, wer hat dann die besseren Karten? Der Kunde, dessen Wunschliefertermin bereits seit 9 Wochen verstrichen ist oder der Kunde, bei dem die Lieferung erst in 4 Wochen gewünscht ist? Manchmal wird Ware auch wider Erwarten früher fertiggestellt – bei einem späten Wunschliefertermin würde sie ohne manuelles Eingreifen nicht ausgeliefert.

6.4.3 Lieferbedingungen

Es hat sich im internationalen Handel etabliert, dass Lieferbedingungen gemäß den Incoterms® vereinbart werden. Sie werden von der Internationalen Handelskammer (ICC, International Chamber of Commerce) herausgegeben, aktuell in der Version Incoterms® 2020.

Mithilfe der Incoterms® wird beispielsweise geregelt, wer Kosten, Risiken und sonstige Verpflichtungen beim internationalen Transport von Ware trägt. In Tabelle 4 erfolgt eine Kurzdarstellung der umfangreichen Regelungen.[5]

5 Für die Nutzung der Incoterms® in einem Vertrag empfiehlt sich die Bezugnahme auf den Originaltext des Regelwerks. Incoterms® ist eine eingetragene Marke der Internationalen Handelskammer (ICC). Incoterms® 2020 ist einschließlich aller seiner Teile urheberrechtlich geschützt. Die ICC ist Inhaberin der Urheberrechte an den Incoterms® 2020. Bei den vorliegenden Ausführungen handelt es sich um inhaltliche Interpretationen zu den von der ICC herausgegebenen Lieferbedingungen durch den Autor. Dieser ist für den Inhalt, die Formulierungen und Grafiken in diesem Buch verantwortlich. Der Originaltext kann über ICC Germany unter www.iccgermany.de und www.incoterms2020.de bezogen werden.

Um für Klarheit zu sorgen, sollte ein Ort möglichst genau angegeben werden, z. B. »DDP München, Werk 1, Rampe 2«.

Klausel	Bedeutung	Anzugebender Ort	Kosten des Verkäufers	Risikoübergang
EXW	Ex Works Ab Werk	benannter Lieferort	nur Bereitstellung der Ware	Bereitstellung der Ware
FCA	Free Carrier Frei Frachtführer	benannter Lieferort	bis zum 1. Frachtführer	Übergabe an 1. Frachtführer
CPT	Carriage Paid To Fracht bezahlt bis	benannter Bestimmungsort	bis zum Bestimmungsort	Übergabe an 1. Frachtführer
CIP	Carriage and Insurance Paid To Frachtfrei versichert	benannter Bestimmungsort	bis zum Bestimmungsort, außerdem wird Transportversicherung bezahlt	Übergabe an 1. Frachtführer
DAP	Delivered at Place Geliefert benannter Ort	benannter Bestimmungsort	bis zum vereinbarten Bestimmungsort entladebereit	am vereinbarten Bestimmungsort entladebereit
DPU	Delivered at Place Unloaded Geliefert benannter Ort entladen	benannter Bestimmungsort	bis zum vereinbarten Bestimmungsort entladen	am vereinbarten Bestimmungsort entladen
DDP	Delivered Duty Paid Geliefert verzollt	benannter Bestimmungsort	bis zum vereinbarten Bestimmungsort entladebereit und verzollt	am vereinbarten Bestimmungsort entladebereit
FAS (nur Schiff)	Free Alongside Ship Frei Längsseite Schiff	vereinbarter Verladehafen	bis Längsseite Schiff im Hafen	Längsseite Schiff im Hafen
FOB (nur Schiff)	Free on Board Frei an Bord	vereinbarter Verladehafen	bis an Bord des Schiffes im Hafen	an Bord des Schiffes
CFR (nur Schiff)	Cost and Freight Kosten und Fracht	vereinbarter Bestimmungshafen	bis Bestimmungshafen	an Bord des Schiffes
CIF (nur Schiff)	Cost, Insurance and Freight Kosten, Versicherung und Fracht	vereinbarter Bestimmungshafen	bis Bestimmungshafen, außerdem wird Transportversicherung bezahlt	an Bord des Schiffes

Tab. 4: Kurzdarstellung der Incoterms® 2020

6.4.4 Allgemeine Einkaufsbedingungen

Allgemeine Einkaufsbedingungen haben vor allem einen Zweck: Den allgemeinen Verkaufs-/Geschäftsbedingungen der Lieferanten in möglichst allen Punkten zu widersprechen. Diese sind in der Regel so verfasst, dass den Kunden große Nachteile entstehen. Sie sollten neutralisiert werden, damit wieder die allgemeinen Regelungen aus dem Handelsgesetzbuch (HGB) und dem Bürgerlichen Gesetzbuch (BGB) gelten. Die Gültigkeit der Einkaufsbedingungen ist auf allen Bestellungen anzugeben. Wenn sie neu eingeführt werden, ist der Satz, dass sie ab sofort gelten, auf den Bestellungen besonders deutlich kenntlich zu machen.

6.4.5 Sonstige rechtliche Themen

Es können Anforderungen vom Gesetzgeber bestehen, die in Bestellungen vermerkt werden sollten. Elektronikgeräte müssen beispielsweise die RoHS-Richtlinien[6] erfüllen, daher sollte bei Bauteilebestellungen RoHS-Konformität gefordert werden. Alternativ kann dies auch über Rahmenverträge, die Qualitätssicherungsvereinbarungen oder in der Spezifikation geregelt werden.

Weitere Themen könnten beispielsweise die REACH-Verordnung[7] zum Umgang mit Chemikalien oder das Thema Konfliktmineralien[8] sein.

6 Siehe EU-Richtlinie 2011/65/EU.

7 Siehe Verordnung (EG) Nr. 1907/2006.

8 Siehe Gesetz zur Durchführung der Verordnung (EU) 2017/821 des Europäischen Parlaments und des Rates vom 17. Mai 2017 zur Festlegung von Pflichten zur Erfüllung der Sorgfaltspflichten in der Lieferkette für Unionseinführer von Zinn, Tantal, Wolfram, deren Erzen und Gold aus Konflikt- und Hochrisikogebieten (Mineralische-Rohstoffe-Sorgfaltspflichten-Gesetz – MinRohSorgG).

Übungsaufgabe: Fehlerhafte Bestellung

Aufgabe:
In Abbildung 11 ist eine Bestellung abgebildet, die einige Fehler enthält. Versuchen Sie, die Fehler zu entdecken. Die Lösung finden Sie im Anschluss an die Abbildung.

Fahrzeugbau GmbH | Benzstraße 123| 70327 Stuttgart

Dreh- und Frästeile GmbH
Bodenseestr. 456
81249 München

Datum: 28.03.2023
Kundennummer: 13504
Ihr Ansprechpartner: Max Mustermann
Telefon: 0711/ 12345678-90
E-Mail: max.mustermann@fahrzeugbaugmbh.de

Bestellung

Sehr geehrte Damen und Herren,

Bezug nehmen auf Ihr Angebot A-42849 bestellen wir hiermit Folgendes:

Nr.	Bezeichnung	Menge	Einzel/€	Gesamt/€
1	Befestigungshülsen (Nr. 128455)	100 Stück	6,77	677,00
2	Programmerstellungskosten	1 Stück	120,00	120,00
			Summe netto	797,00
			Umsatzsteuer 19%	151,43
			Rechnungsbetrag	**948,43**

Liefertermin: asap
Zahlungsbedingungen: 14 Tage 2% Skonto / 30 Tage netto
Versand: frei Haus

Wir bitten um Zusendung einer Auftragsbestätigung innerhalb von 3 Tagen.

Mit freundlichen Grüßen

Max Mustermann

Abb. 11: Fehlerhafte Bestellung

Lösung:

- Es sollte eine Bestellnummer vergeben werden, um die Bestellung zuordnen zu können.
- Es heißt »Bezug nehmend auf Ihr Angebot A-42849«, gleichzeitig wird nirgendwo auf die Gültigkeit der allgemeinen Einkaufsbedingungen hingewiesen. Somit werden die allgemeinen Verkaufsbedingungen akzeptiert, die nachteilig für die eigenen Interessen sein dürften.
- Bei der Artikelnummer wird kein Versionsindex angegeben. Gibt es wirklich keinen? Sonst ist unklar, nach welchem Index produziert werden soll.
- »asap« (as soon as possible) ist kein Liefertermin, hier sollte unbedingt ein Datum stehen.[9]

6.5 Bestellnachverfolgung

Je nach Wichtigkeit und Dringlichkeit von Bestellungen kann es erforderlich sein, dass viel manuelle Arbeit in die Nachverfolgung gesteckt werden muss. Diese Arbeit ist bei vielen Einkäufern alles andere als beliebt.

- **Auftragsbestätigung**
  Wenn für einen neu erhaltenen Kundenauftrag gleichzeitig verschiedene kundenspezifische Materialien bestellt werden müssen, sind zügige Auftragsbestätigungen der Lieferanten sehr wichtig. Andernfalls könnte der Kunde seinen Auftrag stornieren, wenn er seinen Auftrag nicht zeitnah bestätigt bekommt. Eine Stornierung der schon bestellten und von den Lieferanten bereits bestätigten Materialen könnte aber unter Umständen nicht mehr möglich sein. Man würde also auf den kundenspezifisch bestellten Materialien sitzen bleiben. In diesem Fall wäre viel Ärger vorprogrammiert. Aber auch sonst sollten Auftragsbestätigungen immer eingefordert werden – und über das ERP-System sollte regelmäßig abgefragt werden, bei welchen Aufträgen man noch keine Auftragsbestätigungen erhalten hat. Noch besser ist es, wenn das ERP-System dies automatisch erledigt und automatisch Auftragsbestätigungen bei den Lieferanten anmahnen kann.
- **Produktion der Ware**
  Bei zeitkritischer Ware ist es sinnvoll, regelmäßig nachzuhaken, ob die Produktion im Zeitplan ist. Abgesehen davon, dass sich dadurch immer wieder Probleme in der Produktion aufdecken lassen, wird dem Lieferanten damit signalisiert, dass der Auftrag besonders wichtig ist.

9 Die EU machte bei der Beschaffung von Corona-Impfstoff einen ähnlichen Fehler. In einem Vertrag war »Best Reasonable Efforts« angegeben. Die Lieferungen an die EU erfolgten später nicht so zügig wie gewünscht.

- **Versand**
  Es mag unwahrscheinlich klingen, aber immer wieder kommt es vor, dass der Versand von eilig produzierter Ware beim Lieferanten im Warenausgang vergessen wird. Bei dringenden Sendungen sollte der Lieferant daher Sendungsverfolgungsnummern mitteilen, damit geprüft werden kann, ob die Ware auch wirklich versendet wurde. Zudem können so Probleme auf dem Versandweg leichter identifiziert werden.
- **Wareneingang**
  Auch im eigenen Wareneingang kann es Probleme geben. Der Fall, dass unter Hochdruck produziert wurde, Mehrkosten für Expressversand bezahlt wurden, die Ware nach Eintreffen aber erst einmal längere Zeit herumliegt, kommt immer wieder vor. Die Formel »Ware nicht da = Einkauf ist schuld« ist weit verbreitet. Einkäufer sollten daher Interesse daran haben, dass die Ware so schnell wie möglich an den benötigten Ort gelangt.

6.6 Zustandekommen eines Vertrages

Damit ein Vertrag zustande kommt, sind zwei übereinstimmende Willenserklärungen erforderlich, die Regelungen dazu finden sich im Bürgerlichen Gesetzbuch (§§ 145 ff.).

Vereinfacht gesagt kommt ein Vertrag folgendermaßen zustande:
1. Aufforderung zur Abgabe eines Angebots.
2. Abgabe eines Angebots.
3. Annahme des Angebots.

Dies kann so erreicht werden:
1. Der Einkäufer stellt eine Preisanfrage.
2. Der Verkäufer gibt ein verbindliches Angebot ab.
3. Der Einkäufer bestellt laut Angebot.

Anders sieht die Situation aus, wenn der Verkäufer ein unverbindliches Angebot abgibt – die Formulierungen »unverbindlich« oder »freibleibend« sind dabei üblich. Der Vertrag kommt in diesem Fall dann zustande, wenn diese Schritte erfolgt sind:
1. Der Verkäufer gibt ein unverbindliches Angebot ab.
2. Der Einkäufer bestellt.
3. Der Verkäufer bestätigt die Bestellung.

Ein vielzitiertes Beispiel für diesen Fall ist ein Restaurant: Die Speisekarte ist noch kein Angebot, sondern nur die Aufforderung zur Abgabe eines Angebots. Erst die mündliche Bestellung des Kunden ist das Angebot, das anschließend vom Kellner angenommen wird.

Verträge können übrigens auch mündlich geschlossen werden – was die Beweislage aber nicht einfacher macht.

ZUSAMMENFASSUNG

- Rahmenverträge bzw. Mengenkontrakte können zu niedrigeren Kosten, höherer Liefersicherheit sowie geringerem Aufwand beitragen.
- Es gibt zwar eine bekannte Formel zur Ermittlung der optimalen Bestellmenge, diese berücksichtigt jedoch viele praktische Gegebenheiten nur unzureichend.
- Es sollte nur mit klarer Spezifikation bestellt werden, alle Unklarheiten sollten vor der Bestellung geklärt werden.
- Damit ein Vertrag zustande kommt, sind zwei übereinstimmende Willenserklärungen erforderlich. Ein unverbindliches Angebot stellt noch keine Willenserklärung dar.

7 Wareneingänge und Prüfungen

Es ist empfehlenswert, in regelmäßigen Abständen zu überprüfen, ob Waren termingerecht angeliefert werden. Auch bei professionell aufgestellten Lieferanten kommt es immer wieder vor, dass nicht geliefert wird, ohne den Kunden zu informieren.

Direkt bei der Warenanlieferung muss kontrolliert werden, ob die Ware beschädigt ist und die angelieferten Mengen stimmen. Eine falsch gelieferte Menge stellt einen Sachmangel dar, der unverzüglich gerügt werden muss, später mehr dazu (siehe Seite 102).

Wenn Ware importiert wird und Zollgebühren anfallen, meldet sich in der Regel kurz vor der Anlieferung der Versanddienstleister. Dieser kann dann unter Angabe der Zolltarifnummer beauftragt werden, die Verzollung durchzuführen. Der anfallende Zollsatz kann, je nach angegebener Zolltarifnummer, unterschiedlich hoch sein. Nicht bei allen Artikeln ist eindeutig, welche Zolltarifnummer angegeben werden muss, daher kann der Handlungsspielraum zum eigenen Vorteil genutzt werden. Falsche Angaben sind aber auf alle Fälle zu vermeiden.

Beim Import kann es bei manchen Versanddienstleistern vorkommen, dass dubiose Gebühren berechnet werden und die Ware vor Bezahlung dieser Gebühren nicht freigegeben wird. Ein Hinweis, dass dadurch Lieferverzug entstehen kann und entsprechende Vertragsstrafen an den Versanddienstleister durchgereicht werden, kann zur zügigen Lösung des Problems beitragen.

7.1 Wareneingangsprüfungen

Wareneingangsprüfungen stellen einen großen Aufwand dar. Stichprobenprüfungen können Fehler jedoch nur mit einer gewissen Wahrscheinlichkeit aufdecken. Der Lieferant sollte daher Fehler schon während des Fertigungsprozesses identifizieren, damit die fehlerhafte Ware erst gar nicht ausgeliefert wird und Wareneingangsprüfungen nicht mehr nötig sind. Die Automobilindustrie macht vor, dass dies grundsätzlich ein gangbarer Weg ist. Im Mittelstand liegen die produzierten Stückzahlen allerdings selten in den Bereichen, die den großen Aufwand für die Etablierung solcher Prozesse rechtfertigen würden.

Es stellt sich allerdings die Frage, welche Prüfschritte selbst durchgeführt werden müssen und welche Prüfungen zum Lieferanten verlagert werden können. Bei Prüfungen, die vom Lieferanten durchgeführt werden, ist zu beachten:

- Werden Prüfprotokolle angefordert? Falls Ja, werden die Prüfprotokolle nochmals geprüft und welche Person ist dazu qualifiziert?
- Wie lange sollen die Prüfprotokolle aufbewahrt werden?
- Wird die Kalibrierung der Messmittel des Lieferanten überwacht?

Eine der wichtigsten Fragen bei Wareneingangsprüfungen ist die, welcher prozentuale Anteil der Teile die Spezifikation erfüllen muss. Dass 100 % der Teile in Ordnung sein müssen, mag beispielsweise bei Geräten für Augenlaseroperationen sinnvoll sein, meist ist dies aber aus Wirtschaftlichkeitsgründen nicht der Fall. Wichtig ist vor allem, dass sich ein Fehler im weiteren Prozessverlauf bemerkbar macht.

> **Beispiel 1:**
>
> Wir kauften Plastikdeckel für Objektive ein, die vor dem Versand auf den Objektiven angebracht wurden, um die Optik zu schützen. Es wurde keinerlei Wareneingangsprüfung durchgeführt, denn ein nicht passender Deckel würde sofort bemerkt werden. Die Wareneingangsprüfung wäre im Vergleich zum Wert der Teile unwirtschaftlich gewesen.

> **Beispiel 2:**
>
> Wir besuchten einen Lieferanten, der auf Produkte aus Beryllium spezialisiert war. Beim Rundgang zeigte er uns eine Schraube, die an ein Raumfahrtunternehmen geliefert werden sollte. Um absolut sicher zu gehen, dass die Schraube auch wirklich ihre Funktion erfüllte, war ein 500 Seiten langer Prüfbericht erstellt worden. Es ging wirklich nur um eine einzige Schraube. Aber sie durfte unter keinen Umständen im Betrieb ausfallen.

Die Frage, wie viel Prozent der angelieferten Teile in Ordnung sein müssen, sollte dem Lieferanten spätestens bei der Bestellung mitgeteilt worden sein.

Falls eine Wareneingangsprüfung selbst durchgeführt wird, soll dies zeitnah geschehen.

7.1.1 Serienprüfungen nach AQL

Wenn einem Lieferanten eine gewisse Fehlerrate zugestanden wird (die übrigens je nach Prüfkriterium unterschiedlich hoch sein kann), dann stellt sich die Frage, welche

Stichprobengröße gewählt werden muss und wie groß die Anzahl der darin gefundenen Fehler sein darf, um das geforderte Qualitätslevel mit statistisch ausreichender Genauigkeit prüfen zu können. Für Serienlieferungen, also wenn die gleiche Ware wiederholt vom gleichen Lieferanten geliefert wird, gibt es dazu ein Verfahren namens AQL (»Acceptable Quality Level«), das in der DIN ISO 2859-1 beschrieben ist. In manchen Branchen, in denen große Stückzahlen produziert werden, wie beispielsweise bei der Automobilindustrie, gilt das Verfahren als überholt, da es einige Schwachstellen hat. Für viele kleinere Unternehmen ist es aber ausreichend und wird nach wie vor angewendet, sodass es hier näher erläutert werden soll.

Es gibt ein sogenanntes normales Prüfniveau, nach dem die Prüfung zunächst erfolgt. Zusätzlich gibt es ein reduziertes Prüfniveau mit niedrigerer Stichprobenmenge. Nach einer bestimmten Anzahl von fehlerfreien Lieferungen wird auf dieses gewechselt. Tauchen Fehler auf, so wird wieder normal geprüft. Bei hoher Fehleranzahl wird auf ein verschärftes Prüfniveau gewechselt, was durch eine größere Stichprobenmenge zu einem erhöhten Prüfaufwand führt. Auch hier kann man wieder auf das normale Niveau wechseln, wenn eine bestimmte Anzahl an Lieferungen in Ordnung war.

Zusätzlich gibt es noch verschiedene Prüflevel. Je nach Prüflevel besteht eine unterschiedlich hohe Wahrscheinlichkeit, dass das Ergebnis der Stichprobenprüfung auch den realen Werten entspricht, der Standard ist hier das »General Inspection Level II«.

Beispiel:

Von einem Artikel werden 100 Stück angeliefert. Dem Lieferanten werden 4 % Fehler zugestanden. Es soll mit normalem Prüfumfang unter »General Inspection Level II« geprüft werden.

In Tabelle 5 ist ein Ausschnitt aus der Tabelle dargestellt, die zunächst verwendet werden muss.

Lot size	Special inspection levels				General inspection levels		
	S-1	S-2	S-3	S-4	I	II	III
51-90	B	B	C	C	C	E	F
91-150	B	B	C	D	D	F	G
151-280	B	C	D	E	E	G	H

Tab. 5: Ausschnitt aus AQL-Tabelle

Bei den bestellten 100 Stück und dem festgelegten General Inspection Level II ergibt sich der Buchstabe F als »sample size code letter«. Mit ihm können im zweiten Schritt aus einer anderen Tabelle, hier ausschnittsweise in Tabelle 6 dargestellt, die gesuchten Werte ermittelt werden.

Sample size code letter	Sample size	Acceptance quality limit, AQL, in percent nonconforming items and nonconformities per 100 items (normal inspection)											
		0,65		1,0		1,5		2,5		4,0		6,5	
		Ac	Re	Ac	Re	Ac	Re	Ac	Re	Ac	Re	Ac	Re
E	13	0	1	0	1	0	1	1	2	1	2	2	3
F	20	0	1	0	1	1	2	1	2	2	3	3	4
G	32	0	1	1	2	1	2	2	3	3	4	5	6

Tab. 6: Ausschnitt aus AQL-Tabelle

Die Stichprobenmenge müsste demnach 20 Stück sein. Dabei dürfen maximal 2 Fehler sein (»Ac«), bei 3 Fehlern (»Re«) dürfte die Lieferung reklamiert werden.

7.2 Erstmusterprüfungen

Ein Erstmuster ist ein Produkt, das erstmals unter Serienbedingungen hergestellt worden ist. Es sollte erst nach erfolgreicher Erstmusterprüfung zur Serienproduktion freigegeben werden.

Bei einer Erstmusterprüfung soll geprüft werden, ob der Lieferant die Anforderungen verstanden hat. Fehlern soll vor Produktionsbeginn vorgebeugt werden. Eine Erstmusterprüfung sollte erfolgen, wenn

- ein Produkt neu ist,
- der Lieferant ein Produkt zum ersten Mal fertigt oder
- Fertigungsverfahren geändert wurden.

Die Prüfung kann entweder intern oder auch vom Lieferanten durchgeführt werden. In jedem Fall sollte eine umfangreiche Vollprüfung erfolgen, die weit über eine normale Wareneingangsprüfung hinausgeht. Geprüft werden sollte beispielsweise auch, ob sich die vorgesehene Verpackung eignet.

Beispiel:

Wir kauften Metallteile in Deutschland ein und ließen an diesen anschließend mehrere Bearbeitungsschritte in Indonesien durchführen. Da die Stückzahl groß war, ließen wir Pendelverpackungen anfertigen, mit der die Teile sowohl nach Indonesien als auch zurück transportiert wurden. Wir testeten eine Packung davor auf Eignung, indem wir Teile darin verpackten, die Packung schüttelten und prüften, ob alles an seinem Platz blieb. Da keine Auffälligkeiten auftraten, stellten wir auf diese Verpackung um. Als einige Wochen später die bearbeitete Ware aus Indonesien ankam, stellten wir auf fast allen Teilen schwarzen Abrieb fest, der von der neuen Verpackung verursacht worden war. Die Teile mussten daher aufwendig gereinigt werden. Unsere Erstmusterprüfung war unzureichend gewesen, denn wir hatten die Verpackungen nicht auf dem regulären Transportweg getestet. Glücklicherweise konnten wir durch eine kleine Modifikation das Problem lösen und die Verpackungen doch verwenden.

Je nach Warengruppe sollte eine Erstmusterprüfung unterschiedlich durchgeführt werden. Es kann sinnvoll sein, den Erstmusterprüfbericht in einen technischen und einen kaufmännischen Teil aufzuteilen, der von unterschiedlichen Personen bearbeitet wird. Es ist ratsam, den geprüften Artikel einzulagern. Damit ist immer ein Nachweis des vereinbarten Qualitätslevels möglich.

Durch Abschluss einer Qualitätssicherungsvereinbarung mit dem Lieferanten kann sichergestellt werden, dass die Fertigungsprozesse nicht geändert werden oder Unterlieferanten gewechselt werden, sodass auch zukünftige Lieferungen die gleiche Qualität haben wie die Erstlieferung.

7.3 Sonderfreigaben

Ob Ware bei der Warenausgangsprüfung des Lieferanten, bei der eigenen Wareneingangsprüfung oder bei einer Erstmusterprüfung durchfällt: Immer wieder kann der Fall auftreten, dass eine Sonderfreigabe gewünscht ist. Eine Sonderfreigabe zeichnet sich dadurch aus, dass die Ware nicht den Spezifikationen entspricht, aber trotzdem verwendet werden soll. Die Gründe dafür können vielfältig sein. Wichtig ist, dass die Dokumentation umfassend und zukünftig auffindbar ist. Es könnte beispielsweise vorkommen, dass ein Kunde die Lieferung der nichtkonformen Ware explizit fordert, aber ein Jahr später genau den Sachverhalt bemängelt, den er zuvor freigegeben hat.

7.4 Fehlerhafte Ware

Es gibt rechtliche Regelungen für den Umgang mit fehlerhafter Ware. Die Grundzüge sollten allen Einkäufern bekannt sein.

7.4.1 Rechtliche Regelungen

In § 434 BGB ist definiert, wann ein Sachmangel vorliegt:

> (1) Die Sache ist frei von Sachmängeln, wenn sie bei Gefahrübergang den subjektiven Anforderungen, den objektiven Anforderungen und den Montageanforderungen dieser Vorschrift entspricht.
> (2) Die Sache entspricht den subjektiven Anforderungen, wenn sie
> 1. die vereinbarte Beschaffenheit hat,
> 2. sich für die nach dem Vertrag vorausgesetzte Verwendung eignet und
> 3. mit dem vereinbarten Zubehör und den vereinbarten Anleitungen, einschließlich Montage- und Installationsanleitungen, übergeben wird.
>
> Zu der Beschaffenheit nach Satz 1 Nummer 1 gehören Art, Menge, Qualität, Funktionalität, Kompatibilität, Interoperabilität und sonstige Merkmale der Sache, für die die Parteien Anforderungen vereinbart haben.
> (3) Soweit nicht wirksam etwas anderes vereinbart wurde, entspricht die Sache den objektiven Anforderungen, wenn sie
> 1. sich für die gewöhnliche Verwendung eignet,
> 2. eine Beschaffenheit aufweist, die bei Sachen derselben Art üblich ist und die der Käufer erwarten kann unter Berücksichtigung
>   a) der Art der Sache und
>   b) der öffentlichen Äußerungen, die von dem Verkäufer oder einem anderen Glied der Vertragskette oder in deren Auftrag, insbesondere in der Werbung oder auf dem Etikett, abgegeben wurden,
> 3. der Beschaffenheit einer Probe oder eines Musters entspricht, die oder das der Verkäufer dem Käufer vor Vertragsschluss zur Verfügung gestellt hat, und
> 4. mit dem Zubehör einschließlich der Verpackung, der Montage- oder Installationsanleitung sowie anderen Anleitungen übergeben wird, deren Erhalt der Käufer erwarten kann.
>
> Zu der üblichen Beschaffenheit nach Satz 1 Nummer 2 gehören Menge, Qualität und sonstige Merkmale der Sache, einschließlich ihrer Haltbarkeit, Funktionalität, Kompatibilität und Sicherheit. Der Verkäufer ist durch die in Satz 1 Nummer 2 Buchstabe b genannten öffentlichen Äußerungen nicht gebunden, wenn er sie nicht kannte und auch nicht kennen konnte, wenn die Äußerung im Zeitpunkt des Vertragsschlusses in derselben oder in gleichwertiger Weise berichtigt war oder wenn die Äußerung die Kaufentscheidung nicht beeinflussen konnte.

> (4) Soweit eine Montage durchzuführen ist, entspricht die Sache den Montageanforderungen, wenn die Montage
> 1. sachgemäß durchgeführt worden ist oder
> 2. zwar unsachgemäß durchgeführt worden ist, dies jedoch weder auf einer unsachgemäßen Montage durch den Verkäufer noch auf einem Mangel in der vom Verkäufer übergebenen Anleitung beruht.
>
> (5) Einem Sachmangel steht es gleich, wenn der Verkäufer eine andere Sache als die vertraglich geschuldete Sache liefert.

Neben den in §434BGB definierten Sachmängeln gibt es auch noch Rechtsmängel, auf die hier nicht näher eingegangen werden soll.

In §377 HGB wird definiert, wann ein Mangel gerügt werden muss:

> (1) Ist der Kauf für beide Teile ein Handelsgeschäft, so hat der Käufer die Ware unverzüglich nach der Ablieferung durch den Verkäufer, soweit dies nach ordnungsmäßigem Geschäftsgange tunlich ist, zu untersuchen und, wenn sich ein Mangel zeigt, dem Verkäufer unverzüglich Anzeige zu machen.
>
> (2) Unterläßt der Käufer die Anzeige, so gilt die Ware als genehmigt, es sei denn, daß es sich um einen Mangel handelt, der bei der Untersuchung nicht erkennbar war.
>
> (3) Zeigt sich später ein solcher Mangel, so muß die Anzeige unverzüglich nach der Entdeckung gemacht werden; anderenfalls gilt die Ware auch in Ansehung dieses Mangels als genehmigt.
>
> (4) Zur Erhaltung der Rechte des Käufers genügt die rechtzeitige Absendung der Anzeige.
>
> (5) Hat der Verkäufer den Mangel arglistig verschwiegen, so kann er sich auf diese Vorschriften nicht berufen.

»Unverzüglich« heißt »ohne schuldhaftes Zögern«. In Absatz 3 wird von einem Mangel gesprochen, der sich später zeigt. In diesem Fall wird auch von einem versteckten Mangel gesprochen, im Gegensatz zum offenen Mangel, der bei einer Wareneingangsprüfung auffallen würde. Auch ein versteckter Mangel muss unverzüglich nach seinem Entdecken gerügt werden.

Für die Mängelrüge schreibt das HGB keine besondere Form vor, es wäre also auch nur eine telefonische Mängelrüge denkbar. Klar ist aber auch, dass der Beweis einfacher erbracht werden kann, wenn der Mangel in schriftlicher Form gerügt wird.

7.4.2 Reklamationen

Mangelhafte Waren dürfen nicht einfach an den Lieferanten zurückgesendet werden, die Vorgehensweise muss mit dem Lieferanten abgestimmt werden. Statt gleich alle Geschütze aufzufahren, kann es sinnvoll sein, nach erfolgter Mängelanzeige per E-Mail die Situation telefonisch zu beruhigen. Eine andere Möglichkeit ist, zunächst anzurufen und dann eine E-Mail mit allen Informationen zusammengefasst als Nachweis zu senden.

Ähnlich wie schon in den vorherigen Kapiteln vorgeschlagen, ist es auch bei Reklamationen sinnvoll, möglichst lösungsneutral mit dem Lieferanten das Problem zu besprechen und den Lieferanten selbst nach der bestmöglichen Lösung suchen zu lassen.

> **Beispiel:**
>
> Wir hatten Kabel beschafft und eines an einen Kunden geliefert. Der Stecker des Kabels erfüllte jedoch nicht seine Funktion und stellte keine zuverlässige Verbindung her. Unser Kundenbetreuer war der Meinung, dass die Kabel umspritzt werden müssten, um das Problem zu beheben. Er forderte mich auf, das vom Lieferanten einzufordern. Es stellte sich jedoch heraus, dass die fehlende Umspritzung überhaupt nichts mit dem Problem zu tun hatte, stattdessen gab es nur an einem einzigen Kabel einen Fertigungsfehler.

Kaum ein anderes Thema wird so unterschiedlich von Lieferanten priorisiert wie Reklamationen: Während bei den einen jede Reklamation ein Thema für die Geschäftsführung ist, sehr schnell nachgebessert wird und automatisch ein 8D-Bericht erstellt wird, scheinen andere Lieferanten darauf zu hoffen, ihr Kunde würde vergessen, dass er Ware reklamiert habe.

Noch ein weiterer wichtiger Punkt, der hin und wieder vergessen wird: Auch reklamierte Ware sollte die Wareneingangsprüfung noch einmal durchlaufen. Speziell die Parameter, die zum Ausfall geführt haben, sollten geprüft werden.

7.4.3 Alternativen zur Reklamation

Falls bei nicht verwendbarer Ware keine Reklamation beim Lieferanten möglich sein sollte, z. B. weil eine Spezifikation durch eigenes Verschulden fehlerhaft war, sollten Alternativen zur Reklamation geprüft werden.

Eine Option ist die Nachbearbeitung der Teile. Im Vergleich zur kompletten Neubeschaffung lassen sich hier oft Kosten sparen.

Beispiel:

Mein Vorgänger hatte mir mehrere Kisten Optikkomponenten im Sperrlager hinterlassen, die alle nicht verwendbar waren. Wir nahmen uns der Sache an und konnten beispielsweise bei Laserspiegeln aus einem sehr teuren Material die Beschichtung abpolieren lassen, um sie anschließend neu beschichten lassen. Mit nur ein bis zwei Tagen Aufwand konnten wir so Einsparungen von mehr als 10.000 € gegenüber Neubeschaffungen erzielen.

Gerne werden solche Nacharbeiten aufgeschoben. Je mehr Zeit vergeht, desto größer wird aber das Risiko, dass die Teile überhaupt nicht mehr verwendet werden können – beispielsweise, weil das zugehörige Produkt in der Zwischenzeit eingestellt wurde. Sollte wirklich keine Zeit vorhanden sein, dann sollten die defekten Teile zumindest mit Angabe des genauen Fehlers beschriftet werden. Zu bedenken ist, dass Lagerhaltungskosten anfallen.

Eine weitere Option für Teile, die nur geringfügig von der Spezifikation abweichen, könnte sein, diese in einem speziellen Lager zu bevorraten, um in Notzeiten eine Reserve zu haben.

Beispiel:

Mein Kollege und ich führten ein Lager ein, das wir »Sonderfreigabe erforderlich« nannten. Dieses führten wir sowohl physisch in einem abgetrennten Lagerbereich als auch im ERP-System ein. In diesem Lager wurden Teile gelagert, die die Spezifikation partiell nicht erfüllten. Die Teile wurden entsprechend beschriftet. Beispielsweise gab es Laserspiegel, die im Wellenlängenbereich von 1030 nm bis 1090 nm funktionieren sollten. Aufgrund eines fehlgeschlagenen Beschichtungsvorgangs erfüllten sie aber nur von 1050 nm bis 1090 nm die Spezifikation. Waren diese Spiegel nicht auf Lager vorrätig und ein Kunde wollte sein System trotzdem schnell geliefert bekommen, konnten wir abklären, ob der vom Kunden benutzte Laser überhaupt die volle Spezifikation erforderte. Die Zustimmung des Kunden zur Lieferung dieser Ware, die zwar unsere allgemeine Spezifikation nicht erfüllte, für ihn aber ausreichend war, musste natürlich mit der Seriennummer des Systems verknüpft und archiviert werden, um bei einer Kundenreklamation später noch die Nachweise zu haben.

ZUSAMMENFASSUNG

- Die Fertigungsprozesse beim Lieferanten sollten sicherstellen, dass die gelieferte Ware der Spezifikation entspricht. Zur Überprüfung können Wareneingangsprüfungen sinnvoll sein.
- Serienprüfungen nach AQL haben zwar Unzulänglichkeiten, können in mittelständischen Unternehmen aber dennoch sinnvoll sein, um die Stichprobengröße und die erlaubte Fehleranzahl zu bestimmen.
- Sorgfältig durchgeführte Erstmusterprüfungen können dazu beitragen, dass Fehler schon vor Serienbeginn entdeckt werden.
- Sachmängel sind unverzüglich zu rügen.
- Sonderfreigaben sind in vielen Unternehmen üblich. Sie müssen gut dokumentiert werden.

8 Rechnungsprüfung

So unzuverlässig manche Lieferanten auch sein mögen, ein Prozess funktioniert bei nahezu jedem: das Ausstellen von Rechnungen.

Im Umsatzsteuergesetz (UstG) ist in § 14 Abs. 4 festgelegt, welche Angaben eine Rechnung enthalten muss, nämlich:

> 1. den vollständigen Namen und die vollständige Anschrift des leistenden Unternehmers und des Leistungsempfängers,
> 2. die dem leistenden Unternehmer vom Finanzamt erteilte Steuernummer oder die ihm vom Bundeszentralamt für Steuern erteilte Umsatzsteuer-Identifikationsnummer,
> 3. das Ausstellungsdatum,
> 4. eine fortlaufende Nummer mit einer oder mehreren Zahlenreihen, die zur Identifizierung der Rechnung vom Rechnungsaussteller einmalig vergeben wird (Rechnungsnummer),
> 5. die Menge und die Art (handelsübliche Bezeichnung) der gelieferten Gegenstände oder den Umfang und die Art der sonstigen Leistung,
> 6. den Zeitpunkt der Lieferung oder sonstigen Leistung; in den Fällen des Absatzes 5 Satz 1 den Zeitpunkt der Vereinnahmung des Entgelts oder eines Teils des Entgelts, sofern der Zeitpunkt der Vereinnahmung feststeht und nicht mit dem Ausstellungsdatum der Rechnung übereinstimmt,
> 7. das nach Steuersätzen und einzelnen Steuerbefreiungen aufgeschlüsselte Entgelt für die Lieferung oder sonstige Leistung (§ 10) sowie jede im Voraus vereinbarte Minderung des Entgelts, sofern sie nicht bereits im Entgelt berücksichtigt ist,
> 8. den anzuwendenden Steuersatz sowie den auf das Entgelt entfallenden Steuerbetrag oder im Fall einer Steuerbefreiung einen Hinweis darauf, dass für die Lieferung oder sonstige Leistung eine Steuerbefreiung gilt,
> 9. in den Fällen des § 14b Abs. 1 Satz 5 einen Hinweis auf die Aufbewahrungspflicht des Leistungsempfängers und
> 10. in den Fällen der Ausstellung der Rechnung durch den Leistungsempfänger oder durch einen von ihm beauftragten Dritten gemäß Absatz 2 Satz 2 die Angabe »Gutschrift«.

Für Kleinbetragsrechnungen bis 250 € brutto gelten gemäß Umsatzsteuer-Durchführungsverordnung (UStDV) § 14 Vereinfachungen. Diese müssen lediglich folgende Angaben enthalten:

1. den vollständigen Namen und die vollständige Anschrift des leistenden Unternehmers,
2. das Ausstellungsdatum,
3. die Menge und die Art der gelieferten Gegenstände oder den Umfang und die Art der sonstigen Leistung und
4. das Entgelt und den darauf entfallenden Steuerbetrag für die Lieferung oder sonstige Leistung in einer Summe sowie den anzuwendenden Steuersatz oder im Fall einer Steuerbefreiung einen Hinweis darauf, dass für die Lieferung oder sonstige Leistung eine Steuerbefreiung gilt.

Bei jeder Rechnung ist zu prüfen, ob alle Angaben enthalten sind, andernfalls muss reklamiert werden. Ob eine Rechnung korrekt ausgestellt wurde, sollte von der Buchhaltung geprüft werden. Für die fachliche Prüfung ist der Einkauf zuständig. In manchen Unternehmen gibt es Freigaberegelungen, beispielsweise gestaffelt nach Rechnungssumme. Meist ist es aber sinnvoller, solche Regelungen schon vor dem Platzieren von Bestellungen zu implementieren, sodass sie bei Rechnungen nicht mehr nötig sind.

Bei der fachlichen Prüfung sollte neben Mengen und Preisen insbesondere auf folgende Punkte geachtet werden:

- **Zahlungskonditionen**
  Sind die Zahlungskonditionen wirklich wie vereinbart? Immer wieder kommt es vor, dass im Angebot andere Konditionen als in der Auftragsbestätigung angegeben sind. Von vielen Einkäufern wird dies aber nicht geprüft. Die Buchhaltung

weiß oftmals nicht, was mit dem Lieferanten vereinbart wurde, daher sollten die Zahlungskonditionen auf der Rechnung vom Einkäufer geprüft werden. Wenn wenigstens bei der Rechnungsprüfung bemerkt wird, dass die Zahlungskonditionen in der Auftragsbestätigung falsch waren, besteht immerhin noch die Möglichkeit, mit dem Lieferanten eine Lösung zu finden.

- **Versandkosten**
  Falls die Versandkosten vom Lieferanten berechnet werden, sollte grob überschlagen werden, ob sie plausibel sind. Große Vorsicht ist bei Rechnungen von Versanddienstleistern geboten. Diese sind sehr kreativ darin, Gebühren zu addieren, die im Voraus nicht explizit vereinbart wurden, von »Vorlageprovision« über »Kapitalbereitstellungskosten« bis hin zur »China Service Fee«. Meist kann der Rechnungsbetrag einfach gemindert werden, ansonsten kann bei ungerechtfertigten Gebühren auch die Androhung von rechtlichen Schritten helfen.
- **Prüfung der Ware**
  Ob Rechnungen bezahlt werden sollen bzw. Skonto gezogen werden soll, wenn die Ware noch nicht geprüft ist, darüber herrscht unter Einkäufern keine Einigkeit. Bei langjährigen, vertrauensvollen Partnerschaften stellt es in der Regel kein Problem dar, weil auch im Reklamationsfall eine einvernehmliche Lösung gefunden wird.

Wenn es bei der Platzierung von Bestellungen Freigaberegelungen gibt und bei der Rechnung keine bzw. nur eine geringe Abweichung zur Bestellung bzw. zum Wareneingang festgestellt wird, dann kann überlegt werden, ob Rechnungen direkt von der Buchhaltung freigegeben werden sollen, ohne dass eine fachliche Prüfung durch den Einkauf erfolgt. In vielen ERP-Systemen kann eine solche Freigabe auch als Automatismus implementiert werden.

Übungsaufgabe: Fehlerhafte Rechnung

Aufgabe:

In Abbildung 12 ist eine Rechnung abgebildet, die einige Fehler enthält. Versuchen Sie, die Fehler zu entdecken. Die Lösung befindet sich dahinter.

Dreh- und Frästeile GmbH | Bodenseestr. 456| 81249 München

Fahrzeugbau GmbH
Benzstraße 123
70327 Stuttgart

Rechnungsdatum: 10.04.2023

Rechnung

Wir bedanken uns für die gute Zusammenarbeit und stellen Ihnen vereinbarungsgemäß folgende Lieferungen und Leistungen in Rechnung:

Nr.	Bezeichnung	Menge	Einzel/€	Gesamt/€
1	Befestigungshülsen (128455v1.1)	100 Stück	6,77	677,00
2	Programmerstellungskosten	1 Stück	120,00	120,00

Rechnungsbetrag 797,00 €

Die Rechnung ist innerhalb von 30 Tagen fällig. Bei Zahlung innerhalb von 14 Tagen erhalten Sie 2% Skonto.

Bitte überweisen Sie den Rechnungsbetrag auf das unten genannte Bankkonto.

Dreh- und Frästeile GmbH	Telefon: 089 / 123456789-0	Bank:	Postbank Nürnberg
Bodenseestr. 456	Mobil: 0160 / 1234 5678	Inhaber:	Dreh- und Frästeile GmbH
81249 München	E-Mail: kontakt@drehundfraesteile.de	IBAN:	DE760100850123456789
Deutschland	Internet: www.drehundfraesteile.de	BIC	PBNKDEFF

Abb. 12: Fehlerhafte Rechnung

Lösung:

- Es ist keine Rechnungsnummer vorhanden.
- Die Steuernummer bzw. Umsatzsteuer-Identifikationsnummer ist nicht angegeben.
- Es ist kein Lieferdatum angegeben.
- Die Mehrwertsteuer wird nicht ausgewiesen.
- Es gibt keinen Verweis auf eine Bestellnummer (ist zwar nicht gesetzlich verpflichtend, es wird aber von Kunden erwartet).

ZUSAMMENFASSUNG

- Es muss geprüft werden, ob die Pflichtangaben auf einer Rechnung vorhanden sind.
- Bei der Rechnungsprüfung ist insbesondere darauf zu achten, ob die Zahlungsbedingungen den vereinbarten entsprechen.
- Es sollte erwogen werden, Rechnungen automatisch von der Buchhaltung freigeben zu lassen, wenn es keine oder nur geringfügige Abweichungen zu früheren Belegen gibt.

9 Lagerhaltung

Nach erfolgter Wareneingangsprüfung wird die Ware eingelagert. Damit ist die Aufgabe des Einkäufers erledigt – zumindest in Großkonzernen. In mittelständischen Unternehmen kommen aber auch Einkäufer mit Fragen der Lagerhaltung in Berührung. Je kleiner ein Unternehmen ist, desto mehr müssen Einkäufer dabei mitwirken. Daher ist das Thema Lagerhaltung auch für Einkäufer in mittelständischen Unternehmen relevant.

9.1 Lagerplatzsysteme

Es gibt zwei verschiedene Lagerplatzsysteme: das Festplatzlagersystem, bei dem Artikel feste Lagerorte haben, und die chaotische Lagerhaltung, bei der Artikel nicht an festen Orten eingelagert werden, sondern an jeweils passenden freien Stellen. Beide Systeme haben Vor- und Nachteile.

9.1.1 Festplatzlagersystem

Das Festplatzlagersystem wird auch statische Lagerhaltung genannt. Jeder Artikel erhält einen fest zugewiesenen Lagerort, so wie es aus Verkaufsräumen von Supermärkten bekannt ist. Die Vorteile sind:

- Die Ware ist immer am gleichen Ort. Dadurch kann sie von Mitarbeitern, die den Ort kennen, auch ohne IT-Systeme gefunden werden.
- Zur Verwaltung wird nicht zwingend IT benötigt.
- Versehentlich falsch eingelagerte Teile können leichter gefunden werden. Oft befindet sich die Ware nämlich an benachbarten Lagerorten oder die Lageristen haben Vermutungen, wo die Teile sein könnten.
- Es muss nur ein Lagerort aufgesucht werden, um die komplett benötigte Menge zu erhalten.
- Anhand des Füllgrads eines Lagerortes kann indiziert werden, dass eine Nachbestellung erfolgen sollte.

Bei kleinen Lagern ist ein Festplatzlagersystem fast immer die beste Wahl. Mit zunehmender Lagergröße überwiegen aber irgendwann meist die Vorteile eines chaotischen Lagers.

9.1.2 Chaotische Lagerhaltung

Die chaotische Lagerhaltung ist auch als dynamische Lagerhaltung oder Freiplatzlagersystem bekannt. Ein neuer Artikel wird hierbei an eine beliebige passende freie Stelle eingelagert. Die Vorteile sind:

- Der Raum wird besser ausgenutzt, da weniger Plätze unbenutzt sind.
- Die Lagerfachgröße ist je nach Artikel individuell wählbar.
- FIFO (First In First Out) und FEFO (First Expired First Out) können einfacher angewendet werden.
- Die Verwaltung von Artikeln mit verschiedenen Versionsindizes oder verschiedenen Chargen ist leichter zu bewerkstelligen.
- Wege können optimiert werden, da die in den IT-Systemen vorhandenen Daten es ermöglichen, häufig bewegte Gegenstände zu identifizieren und an vorteilhaften Stellen zu platzieren.

Große Lager für Arzneimittel werden beispielsweise nach diesem Prinzip geführt, da verschiedene Chargen eines Produktes voneinander getrennt werden sollen und das FEFO-Prinzip einzuhalten ist.

9.2 Tipps zur Lagerhaltung

In der Praxis kommt es bei der Lagerung immer wieder zu Problemen, weshalb im Folgenden Tipps gegeben werden, wie man diese reduzieren kann.

9.2.1 Beschriftungen

Bei allen eingelagerten Teilen sollte entweder anhand des Lagerortes oder anhand von Beschriftungen der Teile klar sein, um was für Teile es sich genau handelt. Beispiele für Fälle, bei denen es erfahrungsgemäß häufiger zu Problemen kommt:

- Teile, die Kundeneigentum sind (z. B. Beistellungen).
- Teile im Sperrlager: Hier sollte der Grund der Sperrung angegeben werden, damit Dritte nachvollziehen können, wie damit weiter zu verfahren ist.
- Teile, die von der Entwicklungsabteilung benötigt werden.

9.2.2 Chargen- und Seriennummernführung

Teile nach Chargen oder gar nach Seriennummern zu führen, ermöglicht eine höhere Rückverfolgbarkeit. Der Aufwand für die Lagerführung steigt jedoch deutlich gegenüber der »einfachen« Lagerhaltung:

- Der Aufwand bei der Inventur ist größer, da nicht nur die Stückzahl eines Artikels erfasst werden muss, sondern jede einzelne Seriennummer.
- Beim Erstellen von Lieferscheinen müssen die Seriennummern schon mit angegeben werden, die Lageristen müssen also genau diese Teile heraussuchen.
- Bei Fehlern in den Beständen ist der Aufwand für Korrekturbuchungen groß.

In vielen ERP-Systemen lässt sich ein Teil, sobald es einmal auf Chargen- oder Seriennummernführung umgestellt würde, nie wieder auf normale Bestandsführung zurückstellen. Eine Möglichkeit, dies zu umgehen, läge dann höchstens in der Vergabe einer neuen Artikelnummer. Die Entscheidung dafür, ein Teil nach Chargen oder Seriennummern zu führen, sollte also wohlüberlegt sein.

9.2.3 Inoffizielle Lagerorte

Manche Dinge dürfte es eigentlich gar nicht geben, aber es gibt sie dennoch. Dazu gehört beispielsweise, dass manchmal Lagerorte existieren, von denen niemand, außer den Mitarbeitern selbst, weiß.

Beispiel 1:

Die Arbeitstische unserer Produktionsmitarbeiter waren mit Schubladen ausgestattet. Einige Mitarbeiter nutzten diese Schubladen als eine Art Pufferlager für bestimmte Teile, um damit Materialengpässe überbrücken zu können.

Beispiel 2:

Wir hatten im ERP-System eigens ein Lager namens »Entwicklung« angelegt. Wurde Produktionsmaterial für Entwicklungszwecke benötigt, dann musste zusätzlich zur physischen Umlagerung auch eine Umbuchung des Bestandes im ERP-System erfolgen. Leider hielten sich nicht alle an diese Vorgehensweise, so dass immer wieder Material in den Beständen der Entwicklung auftauchte, das nicht umgebucht worden war.

Es kann vorkommen, dass ein versteckter Mangel bei gelieferten Teilen auftritt, der erst während der Fertigung bemerkt wird. Dann muss die komplette betroffene Ware aus dem Verkehr gezogen werden. Gibt es aber inoffizielle Lagerorte, dann ist das Risiko groß, dass noch Monate später immer wieder nicht verwendungsfähige Teile auftauchen.

An dieser Stelle kann an die japanische 5S-Arbeitsgestaltung erinnert werden:

- **Seiri – sortiere**
  Unnötige Dinge, die für die Arbeit an einem Platz nicht benötigt werden, werden aussortiert.
- **Seiton – systematisiere**
  Die verbliebenen notwendigen Teile werden systematisch angeordnet und gekennzeichnet.
- **Seiso – säubere**
  Jeder reinigt seinen Arbeitsplatz selbst und sorgt für Ordnung. Dabei werden auch Mängel erkannt und systematisch abgearbeitet.
- **Seiketsu – standardisiere**
  Kennzeichnungen und Beschriftungen sollen am gesamten Arbeitsplatz einheitlich verwendet werden. Die bisherige Arbeitsplatzorganisation wird zum Standard erklärt. Nach Verbesserungen wird der neue Zustand als Standard festgeschrieben.
- **Shitsuke – Selbstdisziplin**
  Die Methoden werden diszipliniert eingehalten. Damit kann ständige Verbesserung (Kaizen) erreicht werden.

9.2.4 Nicht verwendbare Ware

Gesperrte Ware sollte in einem getrennten Sperrlagerbereich aufbewahrt werden. Erstaunlicherweise zeigt die Erfahrung, dass Teile in vielen Unternehmen immer wieder verschwinden, selbst wenn diese mit Schildern markiert sind, auf denen steht: »Ware darf nur nach Rücksprache mit Einkauf entnommen werden!« Leider helfen dagegen nur abgeschlossene Räume, Hochspannungszäune oder Ähnliches.

Getreu dem Motto »Aus den Augen, aus dem Sinn« wird Ware, die ganz offensichtlich niemals verwendet werden kann, oft im Sperrlager eingelagert, ohne dass man sich um eine Verschrottung kümmert. Je nach Art der Produkte kann es sinnvoll sein, einen wiederkehrenden Entsorgungsprozess zu etablieren, um dieses Problem zu reduzieren.

9.2.5 Lagerpersonal

Ein Lagerleiter ist bei der Einstellung von neuem Personal nicht zu beneiden. Umso wichtiger ist es daher, gutes Lagerpersonal einzustellen und auch langfristig zu halten. Spätestens dann, wenn Ware falsch eingelagert wird und sie später nicht gefunden wird oder Kundenreklamationen aufgrund von schlecht verpackter Ware eintreffen, dürfte klar sein, welch wichtige Aufgabe Lageristen zufällt. Lageristen haben aber ein ähnliches Problem wie IT-Administratoren: Ihre Aufgabe wird oftmals erst dann beachtet, wenn etwas nicht funktioniert. Anerkennung und Lob für gute Arbeit sollten also auch bei Lageristen nicht zu kurz kommen, von angemessener Bezahlung ganz zu schweigen.

9.3 Inventur

Bei einer Inventur werden die tatsächlichen Bestände mit den Buchbeständen abgeglichen. Für die Durchführung gibt es umfangreiche gesetzliche Vorschriften.

9.3.1 Rechtliche Vorgaben

Laut § 240 HGB muss eine Inventur am Ende jedes Geschäftsjahres durchgeführt werden, wobei ein Geschäftsjahr maximal 12 Monate dauern darf. Abgesehen davon, dass die Inventur gesetzlich vorgeschrieben ist, kann sie auch von großem Nutzen sein, da die Buchbestände nach der Inventur wieder korrekt sind und so z. B. Kunden nicht versehentlich zu frühe Liefertermine bestätigt bekommen.

Kleinere Abweichungen sind bei einer Inventur erlaubt, es ist keine übertriebene Sorgfalt bei Kleinteilen notwendig. Bei Teilen von geringem Wert ist es beispielsweise möglich, diese nicht stückgenau abzuzählen, sondern grob zu wiegen. Die Wertabweichung bei einer Inventur sollte maximal 1 % betragen.

9.3.2 Inventurvereinfachungsverfahren

Eine reguläre Inventur wird auch als Stichtagsinventur bezeichnet. Die Zählung darf bis zu 10 Tage vor oder nach dem Bilanzstichtag erfolgen, wobei die Bestandsveränderungen zu berücksichtigen sind. Darüber hinaus sind im § 241 HGB verschiedene Inventurvereinfachungsverfahren definiert:

- **Vor- oder nachverlegte Stichtagsinventur**
  Eine vor- oder nachverlegte Stichtagsinventur darf bis zu 3 Monate vor oder 2 Monate nach dem Bilanzstichtag durchgeführt werden. Dadurch kann die Inventur zu einem für das Unternehmen günstigen Zeitpunkt durchgeführt werden. Mit Fortschreibungs- oder Rückrechnungsverfahren erfolgt die Berechnung des Bestands zum Bilanzstichtag.
- **Permanente Inventur**
  Die Bestandserfassung wird bei der permanenten Inventur zeitlich im Geschäftsjahr verteilt. Dadurch wird der Geschäftsbetrieb weniger gestört. Die Anforderungen an die laufend geführten Unterlagen sind jedoch hoch. Bei bestimmten

Artikeln, beispielsweise besonders wertvollen, darf diese Methode überhaupt nicht eingesetzt werden – für mehr Details siehe Einkommensteuer-Richtlinien (EStR) Abschnitt R 5.3. Schwierigkeiten kann bei der permanenten Inventur auch die Zählung des Materials bereiten, das sich in der laufenden Produktion befindet.

- **Stichprobeninventur**
  Die Stichprobeninventur läuft ähnlich wie die Stichtagsinventur ab. Es werden jedoch nicht alle Artikel gezählt, sondern nur werthaltige Stichproben genommen. Mittels anerkannter statistischer Verfahren wird der Gesamtbestand errechnet. Dabei darf ein Stichprobenfehler von höchstens 1 % des Wertes der Grundgesamtheit nicht überschritten werden.

9.3.3 Tipps zur Inventur

Die genaue Vorgehensweise für die Durchführung der Inventur sollte in einer Inventuranweisung festgehalten werden. Die Inventuranweisung wird jedes Jahr neu erstellt, kann aber selbstverständlich auf der Inventuranweisung des Vorjahres basieren. Es bietet sich an, schon während der aktuellen Inventur die Inventuranweisung für das nächste Jahr zu erstellen. Dann können die neu gewonnen Erkenntnisse und die Lehren aus der aktuellen Inventur gleich darin aufgenommen werden.

Mit zunehmender Unternehmensgröße zählen vermehrt Mitarbeiter oder Externe die Teile, die keinen Bezug zur Ware haben. Daher ist es für Einkäufer wichtig, Präsenz vor Ort zu zeigen und den Zählenden Hilfestellung zu leisten, um Fehler zu vermeiden. Zusätzlich sollten Stichproben gemacht werden, um zu überprüfen, ob die Zählungen ordentlich erfolgt sind. Damit kann schon vor den Stichprobenkontrollen des offiziell bestellten Wirtschaftsprüfers geprüft werden, ob alles passt oder bestimmte Teile noch einmal gezählt werden sollten.

Nach der Inventur bietet es sich an, unverzüglich mit Plausibilitätsprüfungen zu beginnen. Beispiele dafür, wann bzw. weshalb solche Plausibilitätsprüfungen zu machen sind:

- wenn von Artikeln vor der Inventur ein Bestand da war, nach der Inventur aber keiner mehr – diese wurden womöglich vergessen zu zählen,
- wenn es Inventurdifferenzen mit großer Wertabweichung gibt,
- wenn es Inventurdifferenzen mit großer prozentualer Abweichung gibt.

Je mehr Zeit nach der Inventur vergeht, desto unwahrscheinlicher ist es, dass die Fehler noch gefunden werden, da dann schon vermehrt Warenbewegungen stattgefunden haben.

ZUSAMMENFASSUNG

- Die chaotische Lagerhaltung bietet gegenüber einem Festplatzlagersystem zahlreiche Vorteile, ist aber schwieriger umzusetzen.
- Nur, wenn es nötig ist, sollten Teile chargen- oder seriennummerngeführt werden, da der Aufwand deutlich größer ist.
- Inoffizielle Lagerorte sind möglichst zu vermeiden. Bei jeglicher Ware sollte aufgrund des Lagerortes oder der Beschriftung klar sein, worum es sich handelt.
- Nach einer Inventur sollten zeitnah Plausibilitätsprüfungen durchgeführt werden, um Zählfehler zu entdecken.

Teil II: Das Fundament eines exzellenten Einkaufs

10 Lieferantenmanagement

Nur wo das Geld regiert, ist der Kunde König.
Wo Waren knapp sind, ist der Lieferant ein Fürst.
Peter Hohl[10]

10.1 Lieferantenstrategie im Unternehmenskontext

Eine Lieferantenstrategie definiert, welche strategische Rolle der jeweilige Lieferant im Lieferantenportfolio spielen soll und welche Ziele mit ihm erreicht werden sollen.

Abb. 13: Lieferantenstrategie

Die Lieferantenstrategie ergibt sich aus der Warengruppenstrategie (siehe Abbildung 13). In dieser wird festgelegt, nach welcher Strategie die Beschaffung einer bestimmten Warengruppe erfolgen soll. Die Warengruppenstrategie wiederum leitet sich aus der noch allgemeineren Einkaufsstrategie ab, die sich wiederum aus der Unternehmensstrategie ergibt. Übergeordnet sind die Mission und die Vision des Unternehmens. Die Vision ist das Zielbild, also der Idealzustand des Unternehmens in ferner Zukunft. Die Mission legt fest, wofür ein Unternehmen, abgesehen vom Geld verdienen, überhaupt existiert.

10 Quelle: Hohl, Seid froh, wenn's schwierig ist...: 52 ganz neue illustrierte Wochensprüche, SecuMedia, 2001.

Zum besseren Verständnis hier die Mission und die Vision des Elektroautoherstellers Tesla Inc.:

> **Mission:**
> »To accelerate the advent of sustainable transport by bringing compelling mass market electric cars to market as soon as possible.«

> **Vision:**
> »To create the most compelling car company of the 21st century by driving the world's transition to electric vehicles.«

Mission und Vision stiften Identität. Ein Unternehmen ist langfristig erfolgreicher, wenn sich die Mitarbeiter mit ihm identifizieren. Ein Mitarbeiter, der weiß, für was er arbeitet, wird seiner Arbeit zielgerichteter und produktiver nachgehen als einer, dem dies nicht klar ist. Geschäftsführern mögen Mission und Vision des Unternehmens klar sein, ohne sie je niedergeschrieben zu haben – das gilt aber nicht für alle Mitarbeiter.

Unterschiedliche Vorstellungen von Mission und Vision haben Auswirkungen auf die Unternehmens-, Einkaufs-, Warengruppen- und Lieferantenstrategie. Unterschiedliche Strategien wiederum haben zur Folge, dass Prioritäten anders gesetzt werden. Abbildung 14 zeigt das »Magische Dreieck« mit den Eckpunkten »Kosten«, »Zeit« und »Qualität«. Wenn eine dieser Größen verändert wird, wirkt sich dies in der Regel auf mindestens eine der beiden anderen Größen aus. Wird beispielsweise während der Produktentwicklung das Qualitätsziel angehoben, dann hat dies meist Auswirkungen auf Kosten und Zeit. Nicht nur bei Entwicklungsprojekten sollte definiert werden, wie die drei Größen zueinander ausbalanciert werden sollten, sondern auch bei der Unternehmensstrategie. Während bei einem Raumfahrtunternehmen jedem Mitarbeiter klar sein sollte, dass die Qualität oberste Priorität hat, gibt es etliche mittelständische Unternehmen, in denen die Mitarbeiter aufgrund von undefinierten Unternehmensstrategien ein unterschiedliches Verständnis hinsichtlich der Prioritäten haben. So kann es beispielsweise vorkommen, dass ein Konstruktionsmitarbeiter teure Highend-Teile entwickelt, während ein anderer für genau das gleiche Endprodukt seinen Fokus auf günstige Massenproduzierbarkeit bei niedrigerer Qualität legt. Dass dies nicht im Unternehmensinteresse sein kann, dürfte offensichtlich sein.

Zurück zur Lieferantenstrategie: Sie ist nicht in Stein gemeißelt – wichtig ist, dass sie regelmäßig hinterfragt und an neue Gegebenheiten angepasst wird, genauso wie auch die übergeordneten Strategien.

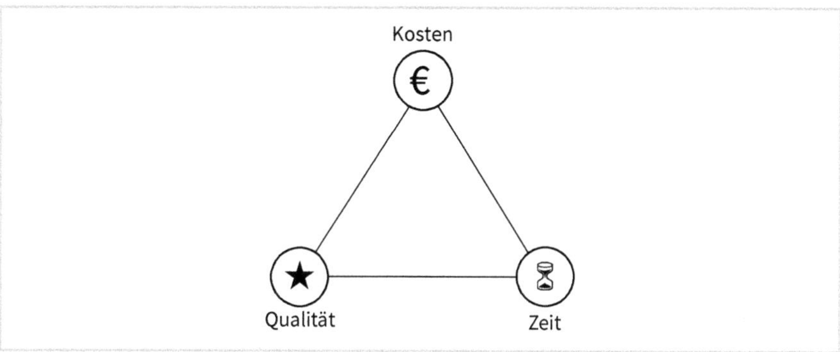

Abb. 14: Magisches Dreieck

Noch ein paar Anmerkungen zur konkreten Ausgestaltung einer Warengruppenstrategie, zumal sich diese direkt auf die Lieferantenstrategie auswirkt: Bei jedem Einkaufsartikel sollte es Alternativlieferanten geben. Eine grobe Faustregel lautet hier, dass es mindestens ein bis zwei Lieferanten geben sollte, die ein Teil sofort fertigen könnten sowie einen weiteren, der dazu kurz- bis mittelfristig in der Lage wäre (die Mindestlagerbestände müssen sich an der Dauer orientieren, bis zu der ein anderer Lieferant einsatzbereit wäre). Falls der Hauptlieferant außerhalb Europas produziert, ist es ratsam, einen europäischen Alternativlieferanten auszuwählen, sodass beispielsweise auch bei Transportproblemen oder politischen Instabilitäten die Versorgung aufrechterhalten werden kann.

10.2 Lieferantenanzahl

Zu wenige Lieferanten können die Versorgungslage eines Unternehmens gefährden. Genauso schädlich kann es aber sein, zu viele Lieferanten im Portfolio zu haben. Abgesehen vom Mehraufwand für die Betreuung (Lieferantenbesuche, Jahresgespräche, Lieferantenbewertung, …) sinkt bei steigender Lieferantenanzahl das Einkaufsvolumen bei anderen Lieferanten, sodass der Einfluss auf diese anderen Lieferanten ebenfalls sinkt. Maßnahmen zur Senkung der Lieferantenanzahl sind beispielsweise:

- **Weiterentwicklung der bestehenden Lieferanten**
  Bestehende Lieferanten werden weiterentwickelt, damit diese beispielsweise auch Produkte fertigen können, die bisher nicht in deren Portfolio waren. Dadurch wird die Qualifizierung neuer Lieferanten teilweise obsolet.
- **Modulare Beschaffung**
  Durch den Einkauf von Modulen (siehe Seite 37) werden weniger Lieferanten benötigt. In der Anfangsphase kann es allerdings notwendig sein, die Modullieferanten bei der Suche nach Sublieferanten zu unterstützen.

- **Anfragen stets über den Einkauf**
  Wenn zu viele Anfragen von der Entwicklungsabteilung durchgeführt werden, werden häufiger neue Lieferanten angefragt, da Entwickler das Lieferantenportfolio in der Regel nicht so gut kennen wie die Einkäufer (mehr dazu auf Seite 59).
- **Warengruppenstrategie festhalten**
  Durch schriftliches Fixieren der Warengruppenstrategie ist allen Beteiligten klar, welche Strategie verfolgt werden soll. Dadurch sinkt die Gefahr, dass Lieferanten qualifiziert werden, die nicht zur Warengruppenstrategie passen.
- **Lieferantenübersicht erstellen**
  Es kann eine Übersicht erstellt werden, mithilfe derer für alle klar wird, welche Lieferanten für jede Warengruppe schon vorhanden sind. Damit wird vermieden, dass neue Lieferanten qualifiziert werden, obwohl dies in der Vergangenheit für die entsprechende Warengruppe bereits geschehen ist.

Auch Zweitlieferanten sollten durch Aufträge warmgehalten werden. Das Ziel sollte sein, bei jedem Lieferanten zumindest als B-Kunde klassifiziert zu werden. Um dies zu erreichen, sollte das Einkaufsvolumen mindestens bei ungefähr 0,1 % vom Umsatz des Lieferanten liegen.

10.3 Lieferantensuche

Bei der Suche nach Lieferanten bieten sich zusätzlich zu den naheliegenden Optionen (wie z. B. Internetrecherche oder Befragung von Mitarbeitern) auch folgende Möglichkeiten an:

- **Beauftragung einer Beschaffungsagentur**
  Es gibt Dienstleister, die sich auf die Suche nach Lieferanten spezialisiert haben.[11] Selbstverständlich erwarten diese auch eine Gegenleistung, von Einmalgebühren bis hin zu Umsatzbeteiligungen. Diese Kosten können sich durchaus bezahlt machen, wenn dadurch ein neuer, wertvoller Lieferant entdeckt wird. Die Dienstleistung kann sich nur auf die Kontaktherstellung beschränken, es kann aber auch die komplette Kaufabwicklung über den Dienstleister erfolgen (beispielsweise dann, wenn der ausländische Lieferant kein Englisch spricht und der Dienstleister damit auch als Dolmetscher agiert).
- **Messen bzw. Ausstellerverzeichnisse**
  Dass auf Messen wertvolle Kontakte geknüpft werden können, liegt auf der Hand. In vielen Fällen ist es aber gar nicht notwendig, eine Messe zu besuchen: Die Ausstellerverzeichnisse werden typischerweise im Internet veröffentlicht. Diese können als Inspiration bei der Lieferantensuche dienen.

11 Zum Beispiel www.dragonsourcing.com.

- **Lieferantensuchmaschine**
  Vor allem bei exotischen Warengruppen können Lieferantensuchmaschinen wertvolle Dienste leisten. Eine bekannte Suchmaschine im deutschsprachigen Raum ist www.wlw.de. Daneben gibt es Suchmaschinen, die auf bestimmte Warengruppen oder auf bestimmte Regionen spezialisiert sind, z. B. www.made-in-china.com.

10.3.1 Passende Lieferanten

Bei den meisten Warengruppen gibt es unzählige Lieferanten, doch nicht alle davon passen gut zum eigenen Unternehmen. Nachfolgend ein paar Kriterien, die bedacht werden sollten:

- **Signifikantes Auftragsvolumen**
  Durch die Aufträge beim Lieferanten sollte ein signifikanter Anteil an dessen Umsatz erreicht werden. Es sollte stets das Ziel sein, als A-Kunde klassifiziert zu werden. Oft wird überschätzt, welcher Umsatzanteil dazu notwendig ist. Als Faustregel kann davon ausgegangen werden, dass 1 % vom Umsatz des Lieferanten reichen. Vielen Unternehmen reicht auch schon die Perspektive, dass ein Kunde großes zukünftiges Potenzial hat, um diesen bevorzugt zu behandeln.
- **Passende Komplexität der Einkaufsteile**
  Die Komplexität der Teile darf den Lieferanten nicht überfordern, da ansonsten mit nicht zufriedenstellender Qualität zu rechnen ist. Auf Dauer ist es aber auch nicht sinnvoll, einen Lieferanten durch viel zu einfache Teile zu unterfordern. Zudem ist zu bedenken, dass die Kosten aufgrund von höheren Maschinenstundensätzen nicht mehr angemessen sein können. Auf einer teuren 5-Achs-Fräsmaschine lassen sich auch einfache Frästeile aus Aluminium fertigen – der Maschinenstundensatz, der der Kalkulation zugrunde gelegt wird, dürfte aber in der Regel deutlich höher als bei einer einfachen 3-Achs-Fräsmaschine sein.
- **Ähnliches Qualitätsverständnis**
  Der Lieferant sollte den Anforderungen entsprechende Qualität liefern, aber nicht über das Ziel hinausschießen, was die Kosten unnötig in die Höhe treiben würde. Ein Lieferant der Raumfahrtindustrie könnte theoretisch auch Produkte für den Industriebereich liefern – aufgrund der vielen in der Industrie nicht benötigten Anforderungen wären die Produkte aber unnötig teuer.

10.3.2 Informationen über Lieferanten

Bevor bei einem Lieferanten bestellt wird, sollten umfangreiche Informationen gesammelt werden, um später keine unangenehmen Überraschungen zu erleben. Folgende Möglichkeiten bieten sich an:

- **Bundesanzeiger**
  Die meisten Unternehmen (insbesondere Kapitalgesellschaften) sind dazu verpflichtet, ihre Jahresabschlüsse im Bundesanzeiger (www.bundesanzeiger.de) zu veröffentlichen. Je nach Unternehmen müssen unterschiedliche Informationen veröffentlicht werden. Sehr umfangreich sind die Veröffentlichungspflichten beispielsweise bei großen Aktiengesellschaften. Besonders die im Jahresabschluss aufgeführte Gewinn- und Verlustrechnung kann sehr aufschlussreich sein, diese muss jedoch nicht bei allen Unternehmen veröffentlicht werden. Auch bei langjährigen Bestandslieferanten ist es sinnvoll, ab und an einen Blick auf die Jahresabschlüsse zu werfen.
- **Zertifikate**
  Manche Unternehmen erwarten, dass ihre Lieferanten nach bestimmten Normen zertifiziert sind, beispielsweise nach ISO 9001 (Qualitätsmanagementsystem) oder ISO 13485 (Qualitätsmanagementsystem für Medizinprodukte). Viele der Anforderungen aus der ISO 9001 sind zwar sinnvoll, jedoch bei weitem nicht ausreichend, um ein gut organisiertes Unternehmen aufzubauen. Aufgrund der niedrigen Anforderungen kommt es fast nie vor, dass ein Unternehmen die Zertifizierung nach ISO 9001 anstrebt, diese aber nicht erhält.
- **Internetauftritt**
  Der Internetauftritt lässt viele Schlussfolgerungen zu. Beispielsweise können durch die Beobachtung von Stellenanzeigen viele Rückschlüsse auf das Unternehmen gezogen werden.
- **Lieferantenselbstauskunft**
  Die Lieferantenselbstauskunft ist ein Fragebogen für einen Lieferanten, den er mit Informationen über sein Unternehmen ausfüllt. Es bietet sich an, die Lieferantenselbstauskunft zu unterteilen in einen allgemeinen Teil (Beispiel in Abbildung 15 und Abbildung 16) und einen fertigungsspezifischen Teil, der sich für die einzelnen Warengruppen unterscheidet (Beispiel in Abbildung 17). Im allgemeinen Teil kann beispielsweise die Umsatzentwicklung und die Mitarbeiterzahl nach Bereichen abgefragt werden. Im fertigungsspezifischen Teil kann der Fokus mehr auf die fachlichen Kompetenzen gelegt werden, beispielsweise können der Maschinenpark zur Fertigung von bestimmten Baugruppen oder Testverfahren abgefragt werden.

Firmendaten	
Firmenname und Rechtsform	
Anschrift	
Telefon	
E-Mail	
Internetauftritt	

Angaben zum Unternehmen	
Gründungsjahr	
Konzernzugehörigkeit	
Weitere Standorte (bitte auch Kompetenzen und Mitarbeiteranzahl angeben)	
Gültige Zertifikate und Zulassungen	
Umsatzanteil der 3 größten Kunden	

Unternehmensentwicklung (bitte letzte 5 Jahre angeben)				
Jahr	Mitarbeiter	Umsatz	Jahresüberschuss	Bemerkung

Produktspektrum (jeweils mit Umsatzanteil)	
1.	
2.	
3.	
4.	
5.	

Abb. 15: Beispiel für Lieferantenselbstauskunft (Deckblatt)

Allgemeine Fragen	
Gibt es einen Prozess, der sicherstellt, dass Kunden bei Lieferverzug informiert werden?	
Wird bei Ihnen für zugelieferte Produkte eine Wareneingangsprüfung durchgeführt und werden diese Prüfungen dokumentiert?	
Wird bei Ihnen eine End- oder Ausgangsprüfung durchgeführt und werden diese Prüfungen dokumentiert?	
Wie lange werden Prüfprotokolle aufbewahrt?	
Können Sie Chargen zurückverfolgen?	
Besteht eine (zertifizierte) Prüfmittelüberwachung?	
Werden die Prüfmittel regelmäßig nach gültigen Normen kalibriert?	
Haben Sie mit Kunden bereits Qualitätssicherungsvereinbarungen abgeschossen?	
Werden Ihre Kunden in festgelegter Weise von Änderungen unterrichtet, die für die Beschaffenheit oder Eigenschaften der von Ihnen bezogenen Waren relevant sind?	
Bieten Sie auch Kleinststückzahlen an oder nur Serienfertigung?	
Welches ERP-System verwenden Sie?	
Haben Sie eine Produkthaftpflichtversicherung?	
Welche Alleinstellungsmerkmale oder besondere Stärken hat Ihr Unternehmen?	

Abb. 16: Beispiel für Lieferantenselbstauskunft (allgemeiner Teil)

Anlage A: EMS

Produktspezifische Fragen	
Wie viele Fertigungslinien sind vorhanden?	
Wie groß und wie schwer dürfen die Leiterplatten sein, die Sie verarbeiten können?	
Welche Möglichkeiten zur THT-Fertigung haben Sie?	
Welche Möglichkeiten zur SMT-Fertigung haben Sie?	
Haben Sie Möglichkeiten zur Pressfit-Fertigung inkl. Werkzeugbau?	
Welche Löttechniken stehen zur Verfügung?	
Welche Testmöglichkeiten sind vorhanden (z. B. In-Circuit-Tests, Flying-Probe-Tests)?	
Wie wird die Qualität der Leiterplatten sichergestellt (Schliffbilder usw.)?	
Stehen Reinräume zur Verfügung?	
Sind alle Bauteile, die Sie verbauen, chargengeführt? Besteht eine Rückverfolgbarkeit? Wie viele Jahre werden die Daten aufbewahrt?	
Welche EDA-Software ist bei Ihnen im Einsatz?	
Wie sieht Ihr Obsoleszenz-Managementprozess aus?	
Erhalten Ihre Kunden bei neuen Produkten kostenlose DFM-Berichte?	

Abb. 17: Beispiel für Lieferantenselbstauskunft (spezifischer Teil, hier für ein Unternehmen, welches elektronische Baugruppen fertigt)

10.3.3 Checkliste bei neuen Lieferanten

Vor der Aufnahme eines neuen Lieferanten ins Lieferantenportfolio sollte geprüft werden, ob alle wichtigen Punkte bedacht wurden. Folgende Liste kann dabei hilfreich sein:

- Wurde die Lieferantenselbstauskunft ausgefüllt und wurden keine negativen Auffälligkeiten festgestellt?
- Sind Zertifikate notwendig und vorhanden? Die eigenen Kunden könnten beispielweise fordern, dass die Lieferanten bestimmte Zertifikate haben müssen.
- Ist eine Geheimhaltungsvereinbarung (NDA) notwendig?
- Ist eine Qualitätssicherungsvereinbarung (QSV) notwendig? Auch dies kann von Kunden gefordert sein.
- Sind die mit dem Lieferanten verbundenen Unternehmen bekannt? Ist möglicherweise ein eigener Mitbewerber am Lieferanten beteiligt?
- Ist die finanzielle Stabilität gegeben? Bei der Bewertung sollte auf die Kompetenz der Controllingabteilung zurückgegriffen werden.
- Sind alle Risikofaktoren berücksichtigt und abgesichert, z. B. politische und geografische? Bei einem Unternehmen, das auf einer Vulkaninsel ansässig ist, könnte ein Vulkanausbruch zur Einstellung des Flugverkehrs führen, wodurch der Transportweg unterbrochen wäre.

10.4 Lieferantenentwicklung

Lieferantenwechsel bergen große Risiken, dazu gleich mehr. Anstatt schon bei kleineren Problemen sofort den Lieferanten zu wechseln, ist es daher sinnvoller, bestehende Lieferanten frühzeitig weiterzuentwickeln, um ihre Leistungsfähigkeit zu verbessern. Folgende Maßnahmen sind einfach umzusetzen und können zu einer verbesserten Lieferantenleistung beitragen:

- **Lieferantenbewertung**
  Lieferantenbewertungen, die nach ISO 9001 sogar Pflicht sind, sind ein wichtiges Instrument, um Schwachstellen bei Lieferanten zu identifizieren. Viele Unternehmen machen den Fehler, eine Vielzahl an Kriterien zu bewerten, die kaum einen Einfluss auf den Unternehmenserfolg haben und die wenig mit den Erwartungen ihrer Kunden an sie zu tun haben. Es ist meist ratsam, sich auf wenige, dafür aber bedeutsame Bewertungskriterien zu konzentrieren. Ein Ergebnis mit Note oder Punktzahl kann die Anschaulichkeit für den Lieferanten erhöhen, wenn er das Ergebnis mitgeteilt bekommt. Sogar wenn dem Lieferanten keine Konsequenzen aufgrund der Bewertung angedroht werden, kann die Lieferantenbewertung positive Effekte haben. Erhaltene Lieferantenbewertungen müssen nämlich häu-

fig der Geschäftsführung berichtet werden, die dann Maßnahmen durchsetzen kann.

- **Jahresgespräch**
  In Jahresgesprächen sollte den Lieferanten klar gemacht werden, was von ihnen zukünftig erwartet wird. Darüber hinaus sollten Konsequenzen aufgezeigt werden, wenn die Ziele nicht erreicht werden. Der Grad der Zielerreichung sollte immer wieder überprüft und der Stand den Lieferanten kommuniziert werden.
- **Lieferantenbesuch**
  Wichtige Lieferanten sollten regelmäßig besucht werden. Es ist sinnvoll, dass neben Einkäufern auch Entwickler an den Besuchen teilnehmen. Es sollte eine Agenda aufgestellt werden, damit die Ziele des Besuchs erreicht werden. Andernfalls besteht die Gefahr, dass der Lieferant die Gesprächsführung übernimmt und beispielsweise nur Neuanschaffungen im Maschinenpark besprochen werden anstatt Verbesserungspotenziale. Bei größeren Problemen oder auch vorbeugend kann zusammen mit dem Qualitätsmanagement ein Lieferantenaudit durchgeführt werden.

Noch ein kleiner Tipp am Rande: Häufig spielt bei Lieferantenbeziehungen die emotionale Komponente eine große Rolle, sodass der Aufwand für die Betreuung bestimmter Lieferanten über- oder unterschätzt wird. Es kann sinnvoll sein, über eine bestimmte Zeitdauer den Aufwand zu erfassen, der für jeden Lieferanten anfällt. Dazu kann beispielsweise eine Strichliste geführt werden: Pro fünf Minuten angefallener Zeit wird ein Strich gemacht. So kann objektiv festgestellt werden, ob die Betreuung eines bestimmten Lieferanten unverhältnismäßig viel Zeit verschlingt.

10.4.1 Partnerschaften mit strategischen Lieferanten

Bei hohem Vertrauen zu einem strategisch wichtigen Lieferanten kann die Zusammenarbeit zu einer engen Partnerschaft ausgebaut werden, wodurch sich für beide Parteien Vorteile ergeben können:

- **Senken der Produktkosten**
  Die Kostentreiber eines Produkts können mit dem Lieferanten analysiert werden. Im besten Fall stellt er eine offene Kalkulation bereit. Bei intensiven Partnerschaften können mit dem Lieferanten Wertanalyseprojekte durchgeführt werden. Lieferanten haben Interesse an Preissenkungen, wenn sich diese in mehr Aufträgen niederschlagen.
- **Qualitätsverbesserungen**
  Alle Produktionsschritte können mit dem Lieferanten gemeinsam angeschaut, analysiert und verbessert werden. Auch die Arbeitsanweisungen sollten begut-

achtet werden, eventuell können Arbeitsanweisungen sogar gemeinsam erstellt werden. Prüfungen sind ebenso in die Betrachtungen einzubeziehen: die Wareneingangsprüfungen der Zukaufteile, die Prüfungen während des Produktionsprozesses sowie die Endkontrollen.

- **Verkürzen der Lieferzeiten**
  Gemeinsam mit dem Lieferanten kann analysiert werden, welche Faktoren die Lieferzeit maßgeblich beeinflussen. Anschließend kann nach Möglichkeiten gesucht werden, die Lieferzeiten zu verkürzen. Zudem kann der Lieferant regelmäßig Statusupdates über die laufenden Bestellungen geben, um so Probleme frühzeitig zu erkennen und gegensteuern zu können.
- **Vernetzung von IT-Systemen**
  Durch die Vernetzung von IT-Systemen können vielfältige Vorteile entstehen. Belege könnten beispielsweise per EDI ausgetauscht werden, wodurch Fehler minimiert und Aufwände auf beiden Seiten reduziert werden. Auch gemeinsame Portale, in denen beispielsweise Lagerbestände eingesehen werden können oder ein Dateiaustausch erfolgen kann, können Vorteile bieten.
- **Gemeinsame Marketingaktionen**
  Auch gemeinsam durchgeführte Marketingaktionen können einen Nutzen für beide Parteien bringen. Von gemeinsamen Pressemitteilungen bis hin zu Aktionen auf Messen ist vieles denkbar.

10.5 Lieferantenwechsel

Die Möglichkeit, Lieferanten zu wechseln, kann aus strategischer Sicht von Vorteil sein. Jeder Lieferantenwechsel birgt allerdings unvorhersehbare Risiken, was an drei Beispielen erläutert werden soll.

Beispiel 1:

Wir kauften Linsen ein, mithilfe derer Laserstrahlen bei einer Wellenlänge von 1064 nm (infrarot, für Menschen nicht sichtbar) gebündelt werden sollten. Es war spezifiziert, dass die Transmission bei 1064 nm mindestens 99 % betragen sollte, d. h., mindestens 99 % des Lichtes in dieser Farbe sollte die Linse passieren. Nach einem Lieferantenwechsel führten wir eine Erstmusterprüfung durch. Alles schien in Ordnung zu sein, die gemessene Transmissionskurve erfüllte bei 1064 nm problemlos die Spezifikation (siehe Abbildung 18). Wenige Zeit später beschwerte sich jedoch ein Kunde, er könne mit den von uns gelieferten Systemen nicht mehr arbeiten. Der Kunde ließ Materialien vom Laser schneiden, die Materialien wurden aber händisch positioniert. Um zu sehen, an welcher Stelle der Laser die Materialien schneiden würde, wurde bei der Positionierung ein Laserpointer der Wellenlänge 633 nm (rot) verwendet, dieser zweite Laserstrahl musste die Linsen ebenfalls passieren. Bei jener Wellenlänge funktionierten die Linsen unseres neuen Lieferanten aber nicht so gut wie die vom vorherigen Lieferanten, sodass der Kunde den roten Laserpointer nicht mehr erkennen konnte.

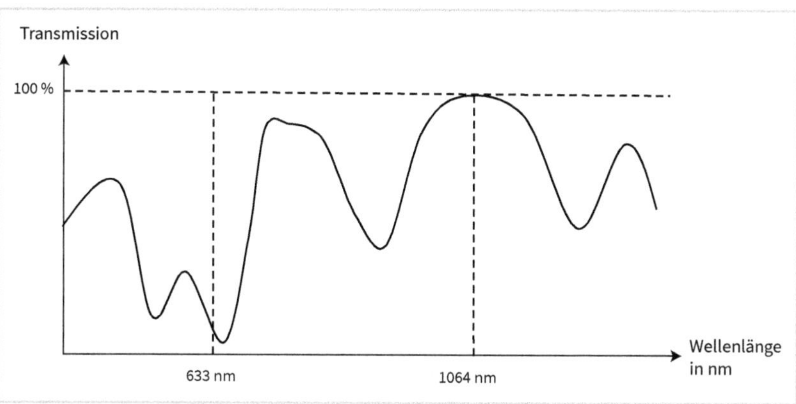

Abb. 18: Transmissionskurve einer Linse nach Lieferantenwechsel

In diesem Beispiel gab es also eine kundenrelevante Funktion, die aber nicht spezifiziert war. Nach dem Lieferantenwechsel war die Funktion weggefallen. Dieses Beispiel lässt sich auch auf andere Bereiche übertragen.

Beispiel 2:

Wir wechselten den Lieferanten für ein Elektrogerät. Kurz vor Produktionsbeginn fragte uns der neue Lieferant, ob die im Inneren des Gerätes verbauten Leiterplatten wirklich keine Schutzlackierung haben sollten – wir hatten ihm nämlich ein paar Wochen zuvor noch Fotos der Geräte gesendet, auf denen zu erkennen war, dass es diese Lackierung gab. In der Tat hatte der Lieferant recht: Die Lackierung war notwendig, war aber in den ihm bereitgestellten Produktionsdaten nicht angegeben. Es gab nur eine telefonische Zusatzabsprache mit dem alten Lieferanten. Nur durch die besondere Aufmerksamkeit des neuen Lieferanten war der Fehler bemerkt worden.

Dieses Beispiel war bereits im Kapitel »Zusatzabsprachen neben der Spezifikation« besprochen worden. Der Fehler lag in der unvollständigen Spezifikation, zudem hätte es keine telefonische Zusatzabsprache geben dürfen. Aber erst durch den Lieferantenwechsel wäre aus dem Fehler um ein Haar ein Problem geworden. Der Unterschied zum vorherigen Beispiel ist, dass hier vergessen wurde, eine bekannte Eigenschaft zu spezifizieren, während im vorherigen Beispiel gar nicht klar war, dass der Kunde eine bestimmte Produkteigenschaft benötigte. Verallgemeinernd kann festgestellt werden, dass durch Lieferantenwechsel Funktionen oder Eigenschaften verloren gehen können, deren Spezifizierung vergessen wurden.

Beispiel 3:

Das Beispiel hat Ähnlichkeiten mit Beispiel 1, jedoch ging es hier um einen Lieferantenwechsel bei Laserspiegeln. In diesem Fall wurde aber spezifiziert, wie viel Licht der Spiegel bei bestimmten Wellenlängen reflektieren sollte. Der Spiegel sollte mindestens 99 % des Lichtes bei 1064 nm (infrarot, für Menschen nicht sichtbar) reflektieren und mindestens 70 % bei 633 nm (rot). Obwohl beide Reflexionswerte nach dem Lieferantenwechsel fast identisch waren (siehe Abbildung 19), erhielten wir eine Reklamation vom Kunden. Die Spiegel schimmerten in einer anderen Farbe. Dieser unterschiedliche Farbeindruck wurde durch das unterschiedliche Spektrum hervorgerufen. Für den technischen Anwendungszweck war dies jedoch irrelevant. Letztendlich gelang es, den Kunden davon zu überzeugen, dass die Ware einwandfrei verwendet werden konnte.

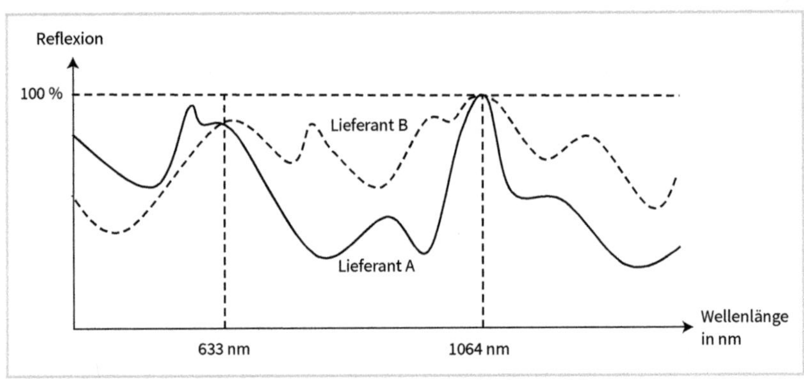

Abb. 19: Transmissionskurven von Spiegeln von zwei verschiedenen Lieferanten

In diesem Beispiel ging es also nur um kosmetische Unterschiede. Auch in Produkten für Industriekunden können solche Unterschiede eine Rolle spielen.

Die Beispiele zeigen, dass Lieferantenwechsel zu vielerlei Problemen führen können, die unmöglich alle vorher bedacht werden können. Viele Kunden schließen daher in Qualitätssicherungsvereinbarungen aus, dass Lieferanten ohne deren Zustimmung gewechselt werden dürfen.

Falls dennoch ein Lieferant gewechselt werden soll, empfiehlt es sich, über einen relativ langen Zeitraum zweigleisig zu fahren und weiterhin auch noch beim bisherigen Lieferanten größere Mengen einzukaufen. Erst wenn sicher ist, dass der Wechsel erfolgreich war, sollte der vollständige Umstieg erfolgen.

10.6 Exkurs: Einkauf in China

China wird als die Werkbank der Welt bezeichnet. Der Einkauf dort bietet Chancen, birgt aber auch viele Risiken. Positive Aspekte sind beispielsweise:

- **Preis**
  Der Preisvorteil einer Produktion in China schrumpft zwar von Jahr zu Jahr, ist aber immer noch beträchtlich, besonders bei lohnintensiven Produkten. Große Preisunterschiede gibt es beispielsweise bei Spritzgusswerkzeugen, die in China oft nicht einmal die Hälfte kosten wie in Deutschland. Bei hochautomatisiert hergestellten Produkten, wie bestückten Leiterplatten, ist der Preisvorteil geringer, da sowohl die zu bestückenden Bauteile als auch der Bestückungsautomat selbst in China nur etwas günstiger sind. Wenn Chinesen vor Ort in China direkt bei chinesischen Unternehmen einkaufen, können häufig günstigere Preise erzielt werden, als wenn Europäer dort einkaufen würden. Denn während Europäer beim Einkauf in China vor allem an günstige Preise denken, denken Chinesen beim Verkauf an Europäer gerne an die Möglichkeiten, an diese teuer verkaufen zu können. Eine Möglichkeit, dieses Problem zu lösen, kann beispielsweise sein, ein Einkaufsbüro in China zu betreiben.
- **Lieferzeit**
  Die Lieferzeiten von chinesischen Unternehmen sind für europäische Maßstäbe oft ungewöhnlich kurz. Selbst mit der Transportzeit nach Europa ist die komplette Beschaffungszeit teilweise kürzer.
- **Service**
  Bei chinesischen Unternehmen erinnern E-Mail-Konversationen aufgrund unglaublich schneller Reaktionszeiten an Live-Chats. Probleme werden selten ausgesessen, sondern meist kundenorientiert gelöst.
- **Qualitätssicherung**
  Ja, richtig gelesen, Qualitätssicherung. Die Wahrscheinlichkeit, minderwertige Ware geliefert zu bekommen, ist in China höher als in Deutschland. Aber ist einmal ein zuverlässiger Lieferant gefunden, kann aufgrund der niedrigeren chinesischen Lohnkosten eine exzellente Qualitätssicherung durchgeführt werden, beispielsweise durch 100%-Prüfungen. Unternehmen wie Apple zeigen, dass in China Produkte hergestellt werden können, die deutschen Qualitätsstandards nicht nachstehen.

Selbstverständlich gibt es aber auch Schattenseiten beim Einkauf in China. Negative Punkte sind beispielsweise:

- **Betrugsrisiko**
  Auch in Europa gibt es betrügerische Unternehmen. Abgesehen von vielen solchen Fälle in der Vergangenheit ist es bei chinesischen Unternehmen aber auch aufgrund der Distanz und der Kulturunterschiede schwieriger, Betrug zu erkennen.
- **Zölle und Transportkosten**
  Es gibt nur noch wenige Produkte, bei denen heutzutage hohe Zölle anfallen. Die Transportkosten sind aber selbstverständlich beim Kauf in China beträchtlich höher. Hinzu können noch versteckte Kosten kommen, wie beispielsweise die »China Service Fee« beim Seetransport.
- **Erschwerte Produktänderungen**
  Bei Änderungen an Produkten werden häufig Muster hin- und hergeschickt, was erschwert wird, wenn die Produktion in China stattfindet. Zudem können Entwickler nicht problemlos vor Ort zum Lieferanten gehen, um Prozesse zu begleiten.
- **Liefersicherheit**
  Der weite Transport und andere unvorhersehbare Ereignisse, wie z. B. Naturkatastrophen, führen zu niedrigerer Liefersicherheit.
- **Transportzeit**
  Bei Luftfracht muss inklusive Verzollung von ungefähr 3 bis 7 Tagen ausgegangen werden. Bei Seefracht dauert der Transport ungefähr einen Monat.
- **Rechtliche Handhabe im Streitfall**
  Bei mittelständischen Unternehmen entfällt in der Regel die Möglichkeit, im Streitfall mit chinesischen Unternehmen vor Gericht ziehen zu können. Da Verträge praktisch keinen Wert haben, erfolgt die Zusammenarbeit rein auf Vertrauensbasis.
- **Umwelt**
  Durch den langen Transportweg entstehen hohe CO_2-Emissionen. Besonders hohe Emissionen entstehen, wenn schwere Güter per Luftfracht transportiert werden. Zudem sind die Umweltschutzstandards in China niedriger als in Deutschland.

10.7 Beschaffungsmarktforschung

Einkäufer sollten die Märkte ihrer strategisch wichtigen Warengruppen gut kennen. Bei der Beschaffungsmarktforschung ist zwischen Marktanalyse und Marktbeobachtung zu unterscheiden. Aus den Ergebnissen beider Betrachtungen kann dann eine Marktprognose erstellt werden.

Marktanalyse

Die Marktanalyse ist eine zeitpunktbezogene Momentaufnahme der Beschaffenheit des Marktes. Dabei werden Informationen verdichtet, sodass Strukturen erkennbar werden, beispielsweise die allgemeine Wettbewerbssituation, Produktionsstandorte, freie Produktionskapazitäten oder das Preisniveau. Die gewonnen Erkenntnisse über Lieferanten (siehe Seite 127) können beispielsweise in die Marktanalyse einfließen.

Marktbeobachtung

Bei der Marktbeobachtung wird ein längerer Zeitraum betrachtet. Informationen müssen dazu selektiert werden. Eines der Hauptziele der Marktbeobachtung ist es, Veränderungen ersichtlich zu machen, beispielsweise Lieferzeitveränderungen, Preisveränderungen oder die Verlagerung von Produktionsstandorten.

Beispiel:

Der Markt für Elektronikbauteile ist von großen Schwankungen geprägt. So kann es vorkommen, dass Bauteile, die lange Zeit eine Lieferzeit von nur wenigen Wochen hatten, plötzlich eine Lieferzeit von mehr als einem Jahr haben. Mittels einer Marktbeobachtung, die über einen längeren Zeitraum stattfindet, kann entdeckt werden, dass es im Elektronikmarkt solche großen Schwankungen gibt.

Marktprognose

Die Daten von Marktanalyse und Marktprognose können dazu verwendet werden, zukünftige Entwicklungen abzuleiten und so eine Marktprognose zu erstellen. Die Marktprognose sollte bei Entscheidungsfindungen, wie beispielweise der Neuaufstellung des Lieferantenportfolios, genutzt werden.

ZUSAMMENFASSUNG

- Es sollte eine Einkaufsstrategie existieren, aus der sich eine Warengruppenstrategie ableiten lässt. Aus der Warengruppenstrategie ergibt sich die Lieferantenstrategie.
- Der Lieferantenstamm sollte so viele Lieferanten wie nötig umfassen, aber auch nur so wenige wie möglich.
- Beim Sammeln von Informationen über Lieferanten stellen die veröffentlichten Jahresabschlüsse eine sehr gute Quelle dar.
- Jeder Wechsel eines Lieferanten stellt eine Chance, aber auch immer ein Risiko dar.
- Mithilfe der gewonnenen Erkenntnisse aus Marktanalysen und Marktbeobachtungen lassen sich Marktprognosen ableiten, die bei wichtigen Entscheidungen berücksichtigt werden sollten.

11 Einkaufscontrolling

Durch systematisches Einkaufscontrolling (engl.: to control = steuern, lenken, beherrschen) können definierte Ziele effektiver und effizienter erreicht werden. Die Ziele werden überwacht (z. B. mit Kennzahlen), sodass bei Abweichungen ein Gegensteuern möglich ist. Ziele können beispielsweise Kostensenkungen, Erhöhung der Versorgungssicherheit, Qualitätsverbesserungen oder eine höhere Beschaffungsflexibilität sein.

Dabei ist eine Abstimmung mit anderen Bereichen notwendig, da die Interessen gegenläufig sein können. Beispielsweise sind aus Einkaufssicht hohe Lagerbestände vorteilhaft, um die Versorgungssicherheit zu erhöhen, während aus Finanzsicht niedrige Bestände bevorzugt werden, um nicht zu viel Kapital zu binden.

Der in Abbildung 20 gezeigte Controllingkreislauf stellt die Phasen des Controllings dar.

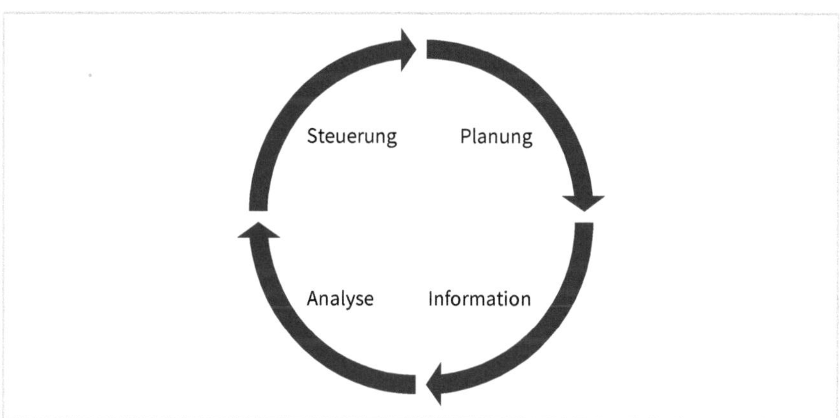

Abb. 20: Controllingkreislauf

Im ersten Schritt des Controllingkreislaufs erfolgt die Planung. Unter Berücksichtigung vergangener Daten werden realistische Zielvorgaben für die Zukunft festgelegt, und es wird überlegt, wie die Messungen vorgenommen werden sollen. Danach geht es um die die Informationsgewinnung. Rohdaten werden gewonnen, anschließend werden sie aggregiert und aufbereitet. Im dritten Schritt findet die Analyse statt. Soll- und Ist-Werte werden gegenübergestellt, ein besonderes Augenmerk wird auf die Abweichungen gelegt. Der vierte Schritt ist die Steuerung. Bei Abweichungen sollte überlegt werden welche Gegenmaßnahmen erforderlich sind. Danach geht es wieder mit dem ersten Schritt weiter.

In größeren Unternehmen gibt es fast immer eine Controllingabteilung. Die Führungsriege des Unternehmens definiert Ziele, während die Controllingabteilung für das Controlling zuständig ist – wozu auch das Einkaufscontrolling gehört, das sie mit Unterstützung des Einkaufs durchführt. In kleineren Unternehmen ohne Controllingabteilung werden die Ziele von der Geschäftsführung definiert, während typischerweise der Einkauf in Absprache mit der Geschäftsführung für die Ausgestaltung des Einkaufscontrollings zuständig ist.

11.1 Kennzahlen

Kennzahlen sind ein hervorragendes Controllinginstrument. Mit ihnen kann gemessen werden, ob eine angewandte Strategie erfolgreich ist. Die Kennzahlen sollten daher so gewählt werden, dass sie geeignet sind zu zeigen, ob die Ziele erreicht werden.

Eine wichtige Rolle spielt die Transparenz. Es sollte klar sein, aus welchen Datenquellen die Rohdaten erzeugt wurden. Außerdem sollte definiert, dokumentiert und bekannt gemacht werden, wie die Kennzahlen berechnet und warum sie erhoben werden.

Im Folgenden wird eine Auswahl von für den Einkauf nützlichen Kennzahlen vorgestellt. Die Berechnungsmethoden sind Vorschläge, die an das eigene Unternehmen angepasst werden müssen.

11.1.1 Liefertermintreue

Die Liefertermintreue gehört zu den wichtigsten Kennzahlen, um die Leistungsfähigkeit von Lieferanten zu messen. Die Kennzahl kann auf verschiedene Weisen definiert werden. Praktikabel ist beispielsweise folgende Definition:

$$\textit{Liefertermintreue} = \frac{\textit{Anzahl termingerechter Wareneingangspositionen}}{\textit{Anzahl Wareneingangspositionen}}$$

Dazu werden die bestätigten Liefertermine mit den Wareneingangsdaten verglichen, die Daten sind in der Regel im ERP-System vorhanden.

Eine Erweiterung der Auswertung könnte so aussehen, dass beispielsweise folgende Gruppen gebildet werden:

- Zu frühe sowie pünktliche Lieferungen,
- Lieferungen, die bis zu einer Woche zu spät kommen,
- Lieferungen, die zwischen einer Woche und einem Monat zu spät kommen,
- Lieferungen mit mehr als einem Monat Verzug.

Bei jeder Gruppe wird dann angegeben, wie viel Prozent der Lieferung darauf entfallen. Die Intervalle sind selbstverständlich frei wählbar.

Unzulänglichkeiten der Kennzahl sind:
- Welches Datum wird für die Feststellung des Verzugs herangezogen? Der erste vom Lieferanten bestätigte Liefertermin? Oder bei Lieferterminverschiebungen der letzte vom Lieferanten bestätigte Termin? Im zweiten Fall könnte der Lieferant auch bei Lieferterminverschiebungen eine gute Bewertung erhalten, wenn er bei Lieferverzug neue Auftragsbestätigungen schickt.
- Teillieferungen können die Kennzahl verzerren. Sind beispielsweise 100 Stück eines Artikels bestellt, von denen 98 Stück in einer ersten Lieferung pünktlich geliefert werden und 2 Stück mit einer zweiten Lieferung dann zu spät, dann läge die Quote termingerechter Wareneingangspositionen bei 50 %. Würde hingegen die Kennzahl so definiert werden, dass dann 98 % als termingerecht gezählt würden, dann würde wiederum eine Lieferung von Kleinteilen in großer Stückzahl die Kennzahl verzerren.

11.1.2 Reklamationsquote

Analog zur Liefertermintreue wird die Reklamationsquote definiert als:

$$\textit{Reklamationsquote} = \frac{\textit{Anzahl aller Reklamationspositionen}}{\textit{Anzahl Wareneingangspositionen}}$$

Die Anzahl der Reklamationspositionen sollte bereinigt werden, d. h., es sollten nur berechtigte Reklamationen erfasst werden. Dann kann die Kennzahl dazu dienen, die Qualitätsfähigkeit von Lieferanten zu messen.

Auch diese Kennzahl könnte noch auf verschiedene andere Weisen definiert werden.

11.1.3 Fehlteile

Zu den wichtigsten Aufgaben des Einkaufs gehört es, die Verfügbarkeit mit Teilen sicherzustellen, sodass die Nachfrage wie dem Kunden versprochen bedient werden kann. Daher sollte die Anzahl der Fehlteile gemessen werden.

Fehlteile = Anzahl der Teile, bei denen die Nachfrage nicht bedient werden kann

Bei dieser Kennzahl geht es nur um Fehlteile, bei denen der Lieferverzug zu tatsächlichen Problemen führt – z. B., weil der Lagerbestand schon aufgebraucht ist und die Fertigung nicht mehr produzieren kann.

Es lohnt sich, bei jedem Fehlteil genau zu analysieren, warum der Engpass aufgetreten ist, um die Ursachen systematisch beheben zu können. Zudem sollte aufgeklärt werden, ob jedes Fehlteil auch wirklich laut selbst gewählter Definition ein Fehlteil ist.

Beispiel:

Jedes Fehlteil, das in der Fertigung für Verzug sorgte, wurde erfasst und dem Einkauf gemeldet, sodass schnell Abhilfe geschaffen werden konnte. Ein paar Monate nach Einführung dieses Systems führte ich eine Auswertung durch, um herauszufinden, was die Gründe für das Auftreten von Verzug waren. Ich stellte fest, dass es sich nur bei ungefähr einem Viertel um wirkliche Fehlteile handelte. In den anderen Fällen waren die Probleme hausgemacht: Es wurden beispielsweise Kundentermine vorgezogen, ohne vorher mit dem Einkauf abzuklären, ob ein Vorzug der Komponenten möglich wäre. So erkannten wir, dass interne Prozesse geändert werden mussten.

11.1.4 Lagerbestandswert

Der Lagerbestandswert wird definiert als:

$$\textit{Lagerbestandswert} = \textit{Wert der auf Lager befindlichen Artikel}$$

Am Geschäftsjahresende entspricht dieser Wert dem Inventurwert. Externe Lager, z. B. bei Lieferanten, dürfen nicht vergessen werden.

Viele Investoren sehen es nicht gerne, wenn die Bestände zu hoch sind. Um zumindest im Jahresabschluss niedrige Bestände auszuweisen, sollten daher am Geschäftsjahrende die Bestände niedrig sein. Dazu sollte in den Monaten vor dem Geschäftsjahrende regelmäßig ausgewertet werden, welche Artikel die höchsten Bestände haben, um gegebenenfalls Maßnahmen einleiten zu können, diese zu reduzieren.

11.1.5 Lagerumschlagszahl

Die Lagerumschlagszahl gibt an, wie häufig der Lagerbestand komplett entnommen und ersetzt wird. Der Betrachtungszeitraum ist normalerweise ein Geschäftsjahr. Die Berechnung ergibt sich demnach als:

$$\textit{Lagerumschlagszahl} = \frac{\textit{Lagerabgänge}}{\textit{Ø Lagerbestand}}$$

Bei einer Lagerumschlagszahl von vier würde der Lagerbestand also viermal pro Jahr komplett ersetzt werden. Unternehmen streben bei der Lagerumschlagszahl in der Regel hohe Werte an, da dann die Lagerkosten geringer sind.

Meist wird die Lagerumschlagszahl für den kompletten Warenbestand angegeben. Sie ließe sich aber auch für einen einzelnen Artikel berechnen. Bei einzelnen Artikeln wird typischerweise der Kehrwert der Lagerumschlagszahl verwendet, die sogenannte Lagerreichweite. Sie gibt die durchschnittliche Verweildauer im Lager an.

11.1.6 Einkaufsvolumen je Artikel

Das jährliche Einkaufsvolumen je Artikel wird definiert als:

Jährliches Einkaufsvolumen je Artikel = *Jährlicher Wert der Lieferungen je Artikel*

Auf die Teile mit großen Einkaufsvolumen sollte ein großer Fokus bei der Beschaffung gelegt werden, da hier viel Geld eingespart werden kann.

11.1.7 Einkaufsvolumen je Lieferant

Das jährliche Einkaufsvolumen je Lieferant wird definiert als:

Jährliches Einkaufsvolumen je Lieferant = *Jährlicher Wert der Lieferungen je Lieferant*

Anstelle des Wertes der Lieferungen kann auch die Summe der Rechnungsbeträge verwendet werden, was aber nur zu einer zeitlichen Verschiebung führt, die in der Praxis kaum relevant ist.

Warum die Kennzahl wichtig ist, wird klar, wenn die Perspektive des Lieferanten eingenommen wird: Hier entspricht dieser Wert dem Umsatz, der mit einem Kunden gemacht wird. Danach erfolgt häufig die Unterteilung in A-, B- und C-Kunden.

Der Wert muss außerdem im Auge behalten werden, um die Lieferanten zu steuern. Soll beispielsweise ein Lieferant bei Laune gehalten werden, damit er in Notzeiten aushelfen kann, dann ist ein gewisser Umsatz bei diesem Lieferanten dienlich. Wenn in einem Jahresgespräch aber angedroht wird, dass zukünftig wegen einer Preiserhöhung weniger bestellt wird, dann aber der Umsatz stark steigt, ist die Glaubwürdigkeit beschädigt.

11.1.8 Artikel ohne Bedarf

Die Definition für Artikel ohne Bedarf ist trivial:

$$\text{Artikel ohne Bedarf} = \text{Lagerhaltige Artikel ohne in Zukunft zu erwartenden Bedarf}$$

Es reicht aus, diese Auswertung nur einmal pro Jahr durchzuführen. Bei den entsprechenden Artikeln sollte überlegt werden, ob sie anderweitig verwendet werden können, ansonsten kann eine Entsorgung stattfinden.

11.1.9 Ausschussquote in Fertigung

Die Ausschussquote in der Fertigung kann definiert werden als:

$$\text{Ausschussquote in Fertigung je Artikel} = \frac{\text{ausgefallene Artikel}}{\text{verbaute + ausgefallene Artikel}}$$

Damit kann z. B. entdeckt werden, dass an gelieferten Artikeln systematische Fehler vorkommen, die bei der Wareneingangsprüfung nicht bemerkt werden.

Es ist hier allerdings notwendig, dass Fehler systematisch erfasst und verbucht werden.

Streng genommen handelt es sich bei dieser Kennzahl um eine Kennzahl für die Produktion und nicht für den Einkauf. Gerade in kleineren Unternehmen schadet es aber nicht, wenn die Einkäufer etwas über den Tellerrand hinausschauen und so womöglich Sachverhalte aufdecken, die sonst unentdeckt geblieben wären (siehe auch das Beispiel auf Seite 52).

11.1.10 Vom Einkauf verantwortetes Volumen

Diese Kennzahl lässt sich folgendermaßen definieren:

$$\text{Vom Einkauf verantwortetes Volumen} = \frac{\text{Bestellvolumen des Einkaufs}}{\text{gesamtes Einkaufsvolumen}}$$

Grundsätzlich sollte dieser Wert hoch sein. Die Nachteile von Maverick-Buying wurden auf Seite 59 erläutert.

11.1.11 Rahmenvertragsquote

Die Vorteile von Rahmenverträgen wurden auf Seite 79 dargestellt. Die Rahmenvertragsquote ist definiert als:

$$\textit{Rahmenvertragsquote} = \frac{\textit{Einkaufsvolumen mit Rahmenverträgen}}{\textit{gesamtes Einkaufsvolumen}}$$

Sie sollte angemessen hoch sein.

11.1.12 Kosten je Bestellvorgang

Die Kosten je Bestellvorgang sind ein Indikator für die Effizienz der Einkaufsabteilung und sind definiert als:

$$\textit{Kosten je Bestellvorgang} = \frac{\textit{Einkaufskosten}}{\textit{Anzahl Bestellungen}}$$

Manche Unternehmen betrachten bei den Einkaufskosten die gesamten durch den Einkauf anfallenden Kosten (wie z. B. die Gehälter der Einkaufsmitarbeiter), andere Unternehmen fassen den Begriff enger und betrachten nur die Kosten für die Bestellabwicklung. Diese sind schwerer zu erfassen, da beispielsweise Zeitaufnahmen nötig sein können.

11.1.13 Einsparungen

Der Einkauf kann seine Bedeutung für das Unternehmen besonders gut unterstreichen, wenn er Einsparungen erzielt. Daher sollte er Einsparungen im eigenen Interesse gut dokumentieren und kommunizieren. Als Einsparungen kommen beispielsweise infrage:

- Niedrigere Preise gegenüber der Vergangenheit (z. B. niedrigerer Preis bei Abschluss eines neuen Mengenkontrakts),
- Verhandlungserfolge,
- Kostenvermeidung (z. B. Abwehr von Preiserhöhungen),
- Erfolge gegen den Markttrend (z. B. wenn Rohstoffpreise steigen, aber das daraus hergestellte eingekaufte Produkt nicht teurer wird),
- Einsparungen aufgrund technischer Änderungen (wenn z. B. auf Initiative des Einkaufs Spezifikationen geändert werden, sodass ein Produkt günstiger zu fertigen ist),
- Nichtausschöpfen von freigegebenen Budgets.

11.2 Risikomanagement

Risikoabsicherung kostet Geld und Ressourcen. Die Antwort auf die Frage, welches Maß an Risiko ein Unternehmen eingehen soll, muss aus der Unternehmensstrategie abgeleitet und von der Geschäftsführung festgelegt werden. Wenn in unterschiedlichen Abteilungen ein anderes Verständnis darüber herrscht, wie viel Risiken eingegangen werden sollen, werden Ressourcen nicht effizient genutzt.

Eine Möglichkeit, dieses Problem zu lösen, wäre, die Stelle eines Risikomanagers einzuführen. Dieser kann dafür sorgen, dass über die verschiedenen Abteilungen hinweg ein ähnliches Risikoverständnis herrscht. Zudem kann der Risikomanager regelmäßige Gespräche mit den Abteilungen führen, in denen die jeweils bestehenden Risiken und der Umgang mit ihnen erörtert werden.

Analog zum Controllingkreislauf gibt es auch einen Regelkreis des Risikomanagements (s. dazu Abbildung 21).

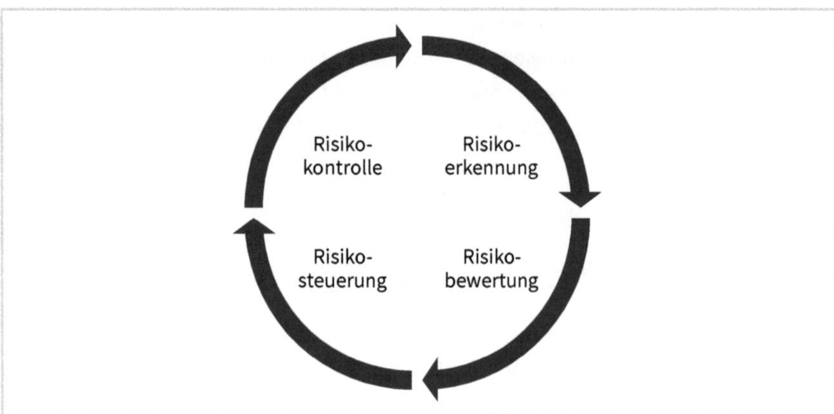

Abb. 21: Regelkreis des Risikomanagements

Wie auch beim Controllingkreislauf lassen sich die Aktionen beim Risikomanagement in vier Phasen unterteilen. Auf diese Phasen wird im Folgenden näher eingegangen werden.

11.2.1 Risikoerkennung

Während sich in Großkonzernen ganze Abteilungen mit der Risikoerkennung beschäftigen und dabei mit Kennzahlensystemen arbeiten, erfolgt dies in mittelständischen Unternehmen aufgrund der begrenzteren Ressourcen fast immer manuell. Wichtig ist, dass viele mögliche Risiken in der Lieferkette betrachtet werden, wofür die folgenden Beispiele als Anregung dienen können:

- **Naturkatastrophen**
  Als Beispiele seien hier Vulkanausbrüche, die den Flugverkehr lahmlegen können, oder auch Flutkatastrophen, die ganze Fabriken überschwemmen können, genannt.
- **Seuchen**
  Das Virus SARS-CoV-2 löste im Jahr 2020 eine weltweite Pandemie aus, wodurch Lieferketten erheblich gestört wurden.
- **Güterverknappung**
  Marktteilnehmer können solch große Mengen an Gütern kaufen, dass es zu Verknappungen kommen kann. Auch wenn Güter noch verfügbar sind, können erhöhte Preise große Probleme bereiten.
- **Einschränkung des Transportwegs**
  Nach den Terroranschlägen vom 11. September 2001 war der weltweite Flugverkehr stark eingeschränkt.
- **Informationsstörungen**
  Nicht nur bei Maschinen und Hardware kann es zu Störungen kommen, sondern auch bei Informationen. Als Beispiel seien hier Hackerangriffe genannt.
- **Veränderte Rechtslage**
  Die Einführung von Handelsbeschränkungen können zu Risiken führen, siehe beispielsweise die vom ehemaligen US-Präsidenten Donald Trump eingeführten Zölle.
- **Schäden bei Lieferanten**
  Ein Schaden an einer Maschine, der nicht schnell repariert werden kann, kann zu langen Produktionsausfällen führen.
- **Lieferantenverhältnis**
  Als Extremfall sei die Insolvenz eines Lieferanten genannt. Aber auch der Kauf eines Lieferanten durch einen Wettbewerber kann zu einer veränderten Situation führen.

11.2.2 Risikobewertung

Alle gefundenen Risiken sollten nach Schadensauswirkung und Schadeneintrittswahrscheinlichkeit eingeteilt werden. In Abbildung 22 wurden jeweils Werte von 1 (sehr gering) bis 5 (sehr hoch) vergeben. Die Risiken, die sich in diesem Schaubild rechts oben befinden, sollten priorisiert angegangen werden.

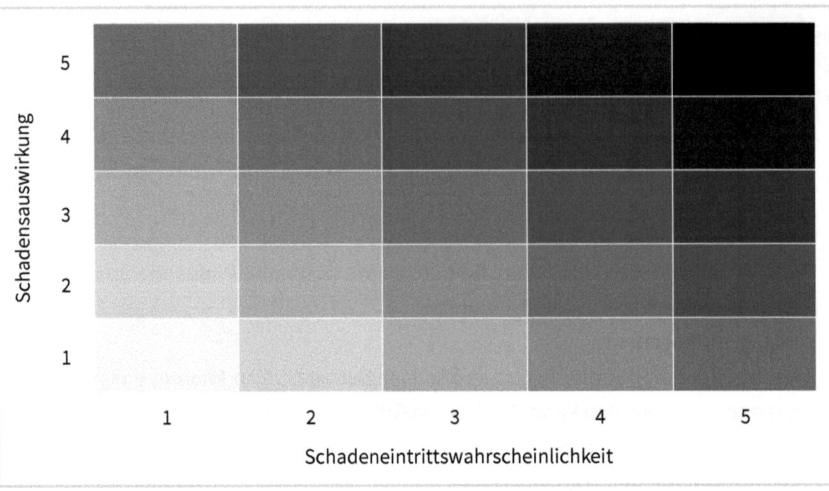

Abb. 22: Matrix zur Risikobewertung

11.2.3 Risikosteuerung

Nachdem die Risiken identifiziert und bewertet worden sind, erfolgt der wichtigste Punkt: Es müssen Maßnahmen zur Steuerung geplant werden. Die Maßnahmen lassen sich in folgende Kategorien einteilen:

- **Akzeptieren des Risikos**
  Bei dieser Möglichkeit bleibt das Risiko bestehen und wird akzeptiert.
  Beispiel: Wenn bei selten benötigten Materialien die Rohstoffpreise erhöht werden, kann dies akzeptiert werden, weil die Kosten der alternativen Maßnahmen in keinem Verhältnis zu Rohmaterialmehrkosten stehen würden.
- **Abwälzen des Risikos**
  Das Risiko bleibt hier ebenfalls bestehen, wird aber auf andere abgewälzt.
  Beispiel: Um das Risiko für Währungskursschwankungen abzuwälzen, wird eine Versicherung gegen diese Schwankungen abgeschlossen.
- **Verringern des Risikos**
  Hier bleibt das Risiko zwar bestehen, wird aber verringert.
  Beispiel: Zur Verringerung des Risikos von Lieferschwierigkeiten wird ein zweiter Lieferant qualifiziert.
- **Vermeidung des Risikos**
  Bei diesem Ansatz wird das Risiko vollständig gemieden.
  Beispiel: Um Währungskursschwankungen zu vermeiden, wird nur bei einheimischen Lieferanten gekauft.

Anstatt sich zu stark auf eine Risikosteuerungsvariante zu versteifen, sollten stets alle Varianten geprüft werden. Zudem sind Kombinationen aus verschiedenen Varianten möglich.

11.2.4 Risikokontrolle

Der vierte und letzte Schritt, bevor der Kreislauf wieder von vorne beginnt, stellt die Risikokontrolle dar. Hierbei wird unter anderem überprüft, ob die Risikoeinschätzung richtig war und die Maßnahmen von Erfolg gekrönt waren. Die Implementierung der Kontrolle lohnt sich allein schon deshalb, weil dann die Umsetzung von Maßnahmen nicht im Sand verlaufen kann.

11.3 Verfügbarkeit von Waren sicherstellen

Das Sicherstellen der Verfügbarkeit von Waren gehört zu den wichtigsten Aufgaben von Einkäufern. Um einen Produktionsstillstand oder die Nichtbelieferung von Kunden zu vermeiden, müssen alle Register gezogen werden. In der Automobilindustrie sind beispielsweise Hubschraubertransporte üblich, um Teile rechtzeitig an den Produktionsort zu bringen. Hohe Zusatzkosten können insbesondere dann in Kauf genommen werden, wenn ein wichtiger Kunde betroffen ist oder das Produkt mit hohem Gewinn verkauft wird. Manche Unternehmen opfern sogar ihre Qualitätsansprüche, um lieferfähig zu bleiben.

Es gibt Lieferanten, die gegen Zahlung von Eilzuschlägen schnellere Lieferungen anbieten. Werden damit teurere Materialien eingekauft oder Kuriere bezahlt, kann es sinnvoll sein, diese Zuschläge zu bezahlen. Manche Lieferanten lassen sich die Zuschläge aber auch dafür zahlen, eine bevorzugte Priorisierung für den Auftrag zu ermöglichen. Ob Zuschläge in solch einem Fall bezahlt werden sollten, muss sorgfältig abgewogen werden. Bei einer guten Beziehung zwischen Kunde und Lieferant sollten Priorisierungen auch ohne Zuschläge möglich sein.

11.3.1 Lieferkettenstörungen erkennen

Sowohl die Produktion von Gütern als auch die Transportwege können von Störungen betroffen sein. Je früher solche Störungen erkannt werden, desto größer stehen die Chancen, dass es nicht zu Engpässen kommt.

Zu beachten ist, dass sowohl die eingekauften Produkte als auch die Vorprodukte betrachtet werden müssen.

Beispiel:

Gefräste Teile aus Aluminiumlegierungen sahen wir in der Beschaffung als unkritisch an, da sie von etlichen Lieferanten gefertigt werden konnten. Deshalb

> hatten wir uns zu niedrigen Sicherheitsbeständen entschieden. Uns war nicht bewusst, dass für die verwendeten Legierungen Magnesium benötigt wurde, das fast ausschließlich in China produziert wurde. Als die Magnesiumproduktion in China massiv reduziert wurde, bekamen viele Einkäufer für Mechanikteile Panik, die Preise für Aluminium schossen in die Höhe und es war unklar, wie es mit weiteren Lieferungen weitergehen würde.

Indikatoren für Lieferkettenstörungen sind beispielsweise:

- **Preise**
  Steigende Preise können ein Indikator für Knappheit sein. Preise sollten daher regelmäßig abgefragt werden, damit Zeitreihen erstellt werden können. Um wenig Aufwand zu erzeugen, sind automatisierte Abfragen zu bevorzugen. Viele Rohstoff- und Transportpreise sind beispielsweise im Internet zu finden, sie eignen sich perfekt für automatisierte Abfragen.
- **Lieferzeiten**
  Erhöhte Lieferzeiten und unpünktliche Lieferungen deuten ebenfalls auf Knappheiten hin. Auch Lieferzeiten sollten regelmäßig abgefragt werden, wenn möglich automatisiert. Bei Elektronikbauteilen werden beispielsweise in vielen Onlineshops die aktuellen Lieferzeiten angegeben.
- **Lieferantenbewertungen**
  Wenn ein Lieferant bei seiner Lieferantenbewertung schlechter abschneidet als in der Vergangenheit, dann sollte den Gründen nachgegangen werden, da dies möglicherweise der Vorbote von größeren Lieferkettenstörungen ist.
- **Rahmenbedingungen**
  Wenn Preise und Lieferzeiten steigen, sind Lieferkettenstörungen in der Regel schon existent. Häufig verschlechtern sich bereits vorher die Rahmenbedingungen. Daher ist es vorteilhaft, Märkte aufmerksam zu beobachten, weil dann schneller reagiert werden kann. Aufgrund der hohen Komplexität lässt sich diese Aufgabe nur schwer automatisieren. Es müssen beispielsweise Nachrichten verfolgt werden, auch ein regelmäßiger Austausch mit Lieferanten ist sinnvoll.

11.3.2 Maßnahmen zur Erhöhung der Verfügbarkeit

Damit es gar nicht erst so weit kommt, dass Ware nicht geliefert werden kann, muss schon sehr früh der Grundstein gelegt werden. Maßnahmen zur Erhöhung der Verfügbarkeit sind beispielsweise:

- **Abschluss von Mengenkontrakten**
  Nach Abschluss eines Mengenkontrakts kann der Lieferant sein benötigtes Material bereits bestellen. Selbst bei kleinen Mengen, bei denen sich noch keine Preisvorteile gegenüber einer Einzelbestellung ergeben, kann ein Mengenkontrakt daher sinnvoll sein.

- **Vereinbarung von Strafzahlungen**
  Schon kleine Strafzahlungen können disziplinierend auf die Lieferanten wirken. Wenn Strafzahlungen drohen, ist bei mittelständischen Unternehmen fast immer die Geschäftsführung involviert.
- **Anlegen eines Sicherheitslagers**
  Insbesondere bei Elektronikbauteilen ist das Anlegen eines Sicherheitslagers mit potenziell kritischen Bauteilen sinnvoll. Bei Elektronikbauteilen sind Lieferzeiten von über einem Jahr keine Seltenheit, zudem greifen hier andere Maßnahmen nicht zuverlässig (gleich mehr dazu).
- **Kritische Teile regelmäßig prüfen**
  Die Lieferzeiten von potenziell kritischen Bauteilen sollten in regelmäßigen Abständen geprüft werden, um gegebenenfalls Maßnahmen ergreifen zu können. Dazu bietet sich ein regelmäßiger Austausch mit den Lieferanten über das Thema an. Bei elektronischen Bauteilen haben die Distributoren oft wertvolle Infos, da sie in der Regel Abteilungen unterhalten, die sich mit Risikoerkennung beschäftigen. Zudem kann bei Suchmaschinen für elektronische Bauteile[12] schnell eingesehen werden, in welcher Stückzahl Bauteile bei verschiedenen Distributoren auf Lager sind, was ebenfalls ein Indikator für die Verfügbarkeit ist.

11.3.3 Besondere Situation bei Elektronikbauteilen

Besonders fatal können sich Engpässe bei Elektronikbauteilen auswirken. Die Chipkrise der Jahre 2021 bis 2023 hat dies eindrucksvoll verdeutlicht. Lieferzeiten von unzähligen Bauteilen lagen hier bei deutlich über einem Jahr. Viele Elektronikbauteile lassen sich nicht auf die Schnelle durch andere ersetzen (sofern es überhaupt besser lieferbare Alternativen geben sollte), wodurch die Abhängigkeiten gegenüber den Herstellern groß sind. Da es sich bei den Herstellern solcher Komponenten in der Regel um Konzerne mit mehreren Milliarden Euro Jahresumsatz handelt, ist es für mittelständische Unternehmen nicht einfach, bei Lieferproblemen zu eskalieren. Wenn die Nachfrage das Angebot deutlich übersteigt, werden Bauteile von den Herstellern häufig auf Allokation gesetzt, d. h., Liefermengen werden den Kunden zugeteilt, bestätigte Liefertermine sind damit hinfällig. Selbst Abmachungen aus Rahmenverträgen oder vereinbarte Strafzahlungen bei Lieferverzug können dann nutzlos sein, die Hersteller berufen sich in solchen Fällen auf höhere Gewalt.

Es ist wichtig, eine drohende Allokation so früh wie möglich zu erkennen. Wie schon zuvor erwähnt, müssen kritische Teile regelmäßig geprüft werden, d. h., es sollte ein

12 Beispiele für solche Suchmaschinen: https://octopart.com, https://www.findchips.com, https://www.trustedparts.com, https://www.oemsecrets.com.

regelmäßiger Austausch mit den Herstellern oder Distributoren stattfinden. Auch steigende Preise oder Lieferzeiten können Indikatoren einer sich verschlechternden Versorgungslage sein. Ein weiterer Frühindikator können länger werdende Lieferzeiten für unbestückte Leiterplatten sein.

Sobald die Anzeichen dafür sprechen, dass sich die Situation verschlechtern wird, sollte Folgendes getan werden:

- Mengenkontrakte sollten zügig abgeschlossen werden, bevor die Preise steigen. Zwar ist auch ein Mengenkontrakt keine Garantie dafür, dass die Hersteller nicht trotzdem Preiserhöhungen durchsetzen, dennoch erhöht er die Wahrscheinlichkeit, dass die Preise gesichert sind.
- Es sollten so schnell wie möglich Abrufbestellungen erfolgen. Dies erhöht die Wahrscheinlichkeit, rechtzeitig beliefert zu werden.
- Bestellungen sollten bis weit in die Zukunft reichen, um auch für längere Engpassphasen gerüstet zu sein.
- Die Mindestbestände bzw. die Bestände im Sicherheitslager sollten überprüft werden: Sind wirklich alle kritischen Bauteile vorhanden? Passen die Lagerbestände zum aktuellen Verbrauch?

Noch eine kleine Nebenbemerkung: Bauteilehersteller haben in der Regel offiziell zugelassene Distributoren, über die ihre Ware verkauft wird. Manchmal verkaufen jedoch auch andere, nicht zugelassene Distributoren die Ware, zu womöglich niedrigeren Preisen. Sind Bauteile aber auf Allokation, dann kann es sehr schwierig sein, über die inoffiziellen Distributoren an Ware zu kommen. Ob ein Kauf bei einem nicht vom Hersteller zugelassenen Distributor erfolgen sollte, muss daher sorgfältig abgewogen werden.

Sollten alle Stricke reißen, kann die Lösung darin liegen, dringend benötigte Ware bei sogenannten Chipbrokern einzukaufen. Diese haben ein weitreichendes Netzwerk von Kontakten, vor allem in Asien. Bei einer Anfrage bei einem solchen Broker prüft dieser, welcher seiner Kontakte die Bauteile beschaffen könnte. Die Arten der Beschaffung sind vielfältig. Manche Quellen kaufen beispielsweise in ruhigen Zeiten zu niedrigen Preisen Elektronikkomponenten ein und spekulieren darauf, dass diese einmal von Lieferengpässen betroffen sein werden. Auch der Zukauf von nicht benötigten Teilen von produzierenden Unternehmen stellt eine Option dar. Gemeinsam ist nur eine Sache: Tritt ein Engpass ein, dann werden die Teile zu teilweise horrenden Preisen verkauft. Hier ein paar Tipps zum Kauf bei solchen Brokern:

- Es besteht ein nicht unerhebliches Risiko, gefälschte Ware zu bekommen. Größere Unternehmen führen bei von Brokern eingekaufte Ware teilweise sehr umfangreiche Qualitätskontrollen durch. Da bei kleineren Unternehmen der Unterhalt eines dafür benötigten Labors unrealistisch ist, sollte nur bei Brokern eingekauft werden, die selbst solche Prüfungen durchführen. Alternativ könnte die Qualitätskontrolle auch bei einem externen Unternehmen beauftragt werden.[13]

- Es gibt viele schwarze Schafe unter den Brokern. Abgesehen von gefälschter Ware kann es bei manchen Brokern vorkommen, dass nach Bezahlung überhaupt keine Ware versandt wird.
- Zu viele Anfragen für ein Bauteil lassen die Preise tendenziell steigen, da die Broker (bzw. deren Quellen, die verschiedene Broker beliefern) davon ausgehen, dass ein hoher Bedarf besteht. Es ist daher wichtig, Anfragen im ersten Schritt bei nicht allzu vielen Brokern zu streuen.
- Bei den zuvor erwähnten Suchmaschinen für Elektronikbauteile wird bei der Suche auch der Lagerbestand des ein oder anderen Brokers angezeigt. Nicht immer sind diese Bestände korrekt – es scheint eine Masche einiger Broker zu sein, hier zu möglichst vielen Bauteilen nicht vorhandene Bestände anzugeben, um leichter mit Interessenten in Kontakt zu gelangen. Werden jedoch bei vielen Brokern Bestände angezeigt, so ist dies oft ein Anzeichen dafür, dass die Ware auf dem Brokermarkt gut verfügbar ist. Auch die angezeigten Preise können ein Indikator sein: Je höher diese sind, desto begehrter ist die Ware.
- Oft versuchen Broker, ihre Kunden unter Druck zu setzen, indem sie behaupten, der Kunde müsse sich innerhalb einer festgelegten Zeitspanne (typischerweise nur wenige Stunden) dafür entscheiden, die angebotene Ware abzunehmen, da sie ansonsten an einen anderen Kunden verkauft werden würde. Ob der andere interessierte Kunde tatsächlich existiert, darf bezweifelt werden, denn in vielen Fällen ist die Ware auch nach Ende der Frist noch da. Richtig ist jedoch, dass der Brokermarkt schnelllebig ist. Kaufentscheidungen sollten zügig getroffen werden.

Beispiel:

Wir kauften erstmalig bei einem neuen Broker ein, der uns empfohlen worden war. Die erworbenen Bauteile ließen wir ausführlich in einem Prüflabor testen (u. a. durch Röntgenuntersuchungen). Die Teile schienen intakt zu sein. Beim Testen der fertig aufgebauten Systeme stellte sich heraus, dass manche der Bauteile kein ordnungsgemäßes Schaltverhalten produzierten. Glücklicherweise war eine Chargenführung implementiert, sodass leicht identifiziert werden konnte, in welchen Systemen die schlechten Bauteile verbaut worden waren. Über den Hersteller fanden wir heraus, dass es sich um eine ungültige Fertigungslosnummer handelte. Offenbar war uns keine Originalware verkauft worden. Da auf einen Großteil der Ware als Zahlungsbedingung 30 Tage netto vereinbart worden war, konnten wir die Zahlung verweigern. Oft bestehen Broker aber auf Vorauskasse, zumindest bei den ersten Bestellungen.

13 Beispiele für solche Unternehmen: factronix GmbH (https://www.factronix.com) oder Semitron W. Röck GmbH (https://www.semitron.de).

11.4 Warengruppenstrategien

Ein Einkäufer muss sich meist um Hunderte oder gar Tausende verschiedene Teile kümmern. Abgesehen davon, dass gar nicht die Zeit da wäre, jedem einzelnen Teil besondere Beachtung zu schenken, wäre es auch ineffizient, für jedes Teil die gleiche Strategie anzuwenden. Daher ist es sinnvoll, die Teile zu klassifizieren und unterschiedliche Strategien daraus abzuleiten.

Eine einfache und dennoch effektive Strategie besteht darin, jedem Teil in den beiden Kategorien »Einkaufsvolumen« und »Versorgungsrisiko« die Werte »niedrig« oder »hoch« zuzuweisen (siehe Abbildung 23).

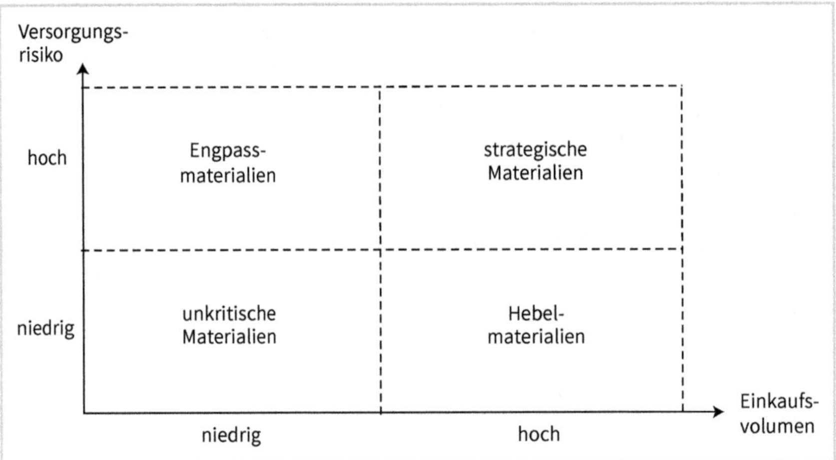

Abb. 23: Warengruppenstrategien

Materialien mit niedrigem Einkaufsvolumen und niedrigem Versorgungsrisiko sind unkritische Materialien. Das Ziel muss hier sein, den Aufwand für die Beschaffung zu minimieren, beispielsweise durch ein Kanban-System.

Bei Teilen mit niedrigem Einkaufsvolumen und hohem Versorgungsrisiko handelt es sich um Engpassmaterialien. Eine gute Strategie zur Risikominimierung liegt hier darin, hohe Bestände vorzuhalten, der Kapitalbedarf bleibt trotzdem überschaubar. Dadurch können auch länger anhaltende Lieferprobleme überbrückt werden.

Teile mit hohem Einkaufsvolumen und hohem Versorgungsrisiko werden als strategische Materialien bezeichnet. In diese Teile sollte viel Zeit investiert werden. Die zuvor genannten Strategien können bei diesen Teilen angewendet werden.

Als Hebelmaterialien werden Teile mit hohem Einkaufsvolumen und niedrigem Beschaffungsrisiko bezeichnet. Diese Teile eigenen sich zur Realisierung von Kosteneinsparungen. Es gibt viel Einsparpotenzial bei gleichzeitig niedrigem Risiko, die Verfügbarkeit zu gefährden.

11.5 Benchmarking

Beim Benchmarking werden die Leistungen des eigenen Bereichs oder Unternehmens systematisch mit den Leistungen von anderen verglichen, z. B. mittels Kennzahlen. Damit kann erkannt werden, bei welchen Prozessen Verbesserungsbedarf besteht. Denkbar ist beispielsweise:

- **Internes Benchmarking**
  Beim internen Benchmarking werden unternehmensinterne Bereiche miteinander verglichen, z. B. verschiedene Warengruppenbereiche des Einkaufs. Der Aufwand ist gering, da die Daten im Unternehmen bereits vorhanden sind. Allerdings ist bei dieser Methode unklar, welche Werte von den besten Unternehmen der Branche erzielt werden würden.
- **Direkter Vergleich mit anderen Unternehmen**
  Besser ist in der Regel der Vergleich mit anderen Unternehmen geeignet. Die Schwierigkeit liegt darin, die passenden Unternehmen zu finden, die zur Kooperation und zum Datenaustausch bereit sind. Der Vergleich mit Mitbewerbern wäre aus qualitativer Sicht am besten, verständlicherweise ist ein Datenaustausch aber in der Regel nicht gewünscht. Die öffentlich zugänglichen Daten (beispielsweise im Bundesanzeiger) sind bei mittelständischen Unternehmen leider meist nicht detailliert genug, um ausreichende Rückschlüsse ziehen zu können. Daher müssen Unternehmen gefunden werden, die in möglichst vielen Punkten vergleichbar sind, ohne Mitbewerber zu sein. Mit diesen kann dann ein Austausch über Kennzahlen, Methoden und Prozesse stattfinden. Vorab kann eine Kooperationsvereinbarung geschlossen werden, in der alle Details geregelt werden, beispielsweise ein Verhaltenskodex.
- **Kennzahlenberichte**
  Es gibt diverse Möglichkeiten, an Kennzahlen zu gelangen, ohne direkt mit anderen Unternehmen agieren zu müssen. Denkbar ist beispielsweise die Beauftragung einer Unternehmensberatung, die Kennzahlenberichte erstellen kann. Wenn zugesichert wird, dass Primärdaten anonymisiert werden, ist auch denkbar, dass Mitbewerber indirekt Daten austauschen. Darüber hinaus gibt es fertige Berichte, die gekauft werden können.[14] Damit entsteht im eigenen Unternehmen wenig Aufwand für die Erstellung der Daten. Nachteilig ist, dass mit dieser Methode zwar erkannt werden kann, wo die Schwachstellen liegen, aufgrund fehlenden Austauschs über Methoden und Prozesse die Ursachen aber schwerer zu identifizieren sind.

14 Der Bundesverband Materialwirtschaft, Einkauf und Logistik e. V. (BME) veröffentlicht beispielsweise regelmäßig die kostenpflichtigen Berichte »BME-Benchmark Top-Kennzahlen im Einkauf – Durchschnittswerte« und »Top-Kennzahlen im Einkauf« – Best in Class«.

Benchmarking kann umfangreich und zeitaufwendig werden. Umso wichtiger ist es daher, aus dem Benchmarking ein Projekt mit entsprechender Projektplanung zu machen. Ein Projektteam aufzustellen ist sinnvoll. Neben dem Einkauf sollte unbedingt auch das Controlling eingebunden werden.

ZUSAMMENFASSUNG

- Durch Einkaufscontrolling können Ziele überwacht werden, damit ein Gegensteuern möglich ist.
- Die Liefertermintreue und die Reklamationsquote gehören zu den wichtigsten Kennzahlen, um die Leistung von Lieferanten zu überwachen.
- Risiken sollten systematisch erkannt, bewertet, gesteuert und kontrolliert werden. Sie können akzeptiert, abgewälzt, verringert oder vermieden werden.
- Preiserhöhungen, erhöhte Lieferzeiten, schlechte Lieferantenleistungen und sich verschlechternde Rahmenbedingungen können Indikatoren für Lieferkettenstörungen sein.
- Um Verfügbarkeit zu gewährleisten, sind für verschiedene Warengruppen unterschiedliche Strategien sinnvoll.
- Benchmarking kann dabei helfen, durch Vergleiche mit anderen Teams oder anderen Unternehmen Schwachstellen zu identifizieren und Prozessverbesserungen zu erreichen.

12 Nachhaltigkeit

Gestiegene Energiepreise, gesetzliche Regelungen (z. B. CO_2-Zertifikate, Lieferkettensorgfaltspflichtengesetz) und Erwartungen von Konsumenten führen dazu, dass nachhaltiges und umweltbewusstes Verhalten für Unternehmen zunehmend an Bedeutung gewinnt.

12.1 Umweltorientierter Einkauf

Ein beträchtlicher Teil der Umweltbelastung entsteht bei der Produktion, Verpackung und beim Transport der zugekauften Waren. Wenn ein Unternehmen seine Umweltbelastung senken will, müssen die Lieferketten daher zwingend berücksichtigt werden. Zudem findet die Fertigung von Waren oft in Ländern statt, die dem Umweltschutz keinen hohen Stellenwert beimessen. Durch eine umweltorientierte Unternehmenspolitik können Lieferanten dazu gebracht werden, Umweltstandards auch dann einzuhalten, wenn sie in solchen Ländern produzieren. Der Einkauf hat daher einen signifikanten Einfluss auf die Umweltbilanz von Unternehmen.

Umweltschutzmaßnahmen kosten Geld, führen aber zu einem sparsameren Umgang mit Ressourcen. Daher sind die Mehrkosten oft nicht so hoch, wie zunächst vermutet werden könnte. Komplett treibhausgasfreie Lieferketten würden beispielsweise bei einem Auto den Endkonsumentenpreis um nicht einmal 2 % erhöhen.[15]

Nachfolgend werden Stellschrauben des Einkaufs auf verschiedenen Gebieten vorgestellt.

12.1.1 Produktentwicklung

Während der Phase der Produktentwicklung können Projekteinkäufer Einfluss auf die Umweltverträglichkeit von Produkten nehmen. Sie können sich beispielsweise dafür einsetzen, dass die Umweltbelastung des Produktes (und damit auch Produktion und Transport der einzelnen Komponenten) berücksichtigt wird, z. B. durch die Anwendung eines internen CO_2-Preises. Dazu erfahren Sie gleich mehr auf Seite 163. Auch die Reparaturmöglichkeit von Produkten oder die Recycelbarkeit nach Erreichen der Lebensdauer kann bei der Produktentwicklung berücksichtigt werden.

15 Quelle: WORLD ECONOMIC FORUM: Net-Zero Challenge: The supply chain opportunity. Insight Report, January 2021.

12.1.2 Lieferantenauswahl

Durch den Einsatz lokaler Lieferanten entstehen geringere Emissionen beim Transport der Waren und bei Lieferantenbesuchen. Leider gibt es manchmal nur wenige Lieferanten, die ein Produkt herstellen können, so dass die Auswahl stark eingeschränkt ist. Entscheidend für die Emissionsvermeidung ist, dass die Produkte, bei denen besonders große Transportemissionen anfallen (beispielsweise, weil die Produkte voluminös oder schwer sind oder in großen Stückzahlen benötigt werden), lokal eingekauft werden. Für gefräste Metallteile gibt es z. B. in fast jeder Stadt einen Lieferanten, daher können solche Komponenten lokal eingekauft werden.

12.1.3 Lieferantenbewertung

Lieferantenbewertungen können um neue Kriterien erweitert werden, um Umweltauswirkungen abzubilden. Beispielsweise könnte erfasst werden, welchen Anteil erneuerbarer Energien die Lieferanten einsetzen oder wie hoch die Recyclingquote ist. Die Umsetzung ist zugegebenermaßen nicht ganz einfach, da viele Daten nur beim Lieferanten vorliegen. Eine einfachere Möglichkeit läge darin, als Kriterium zu erheben, ob ein Umweltmanagementsystem (z. B. ISO 14001 oder EMAS[16]) implementiert ist.

12.1.4 Lieferantenaudits

Wenn ein Lieferant sich zur Anwendung eines Umweltmanagementsystems verpflichtet hat, kann in Lieferantenaudits überprüft werden, inwieweit dies umgesetzt wird (Tipp am Rande: In einer Qualitätssicherungsvereinbarung können Regelungen zur Auditdurchführung vereinbart werden, z. B. wie oft und mit welcher Vorankündigung sie durchgeführt werden dürfen).

Wird vom Lieferanten kein Umweltmanagementsystem angewendet, so können gesonderte bilaterale Vereinbarungen getroffen werden, die z. B. Vorgehensweisen oder Ziele zu Umweltthemen definieren. Diese können im Anschluss auditiert werden.

12.1.5 Produktion bei den Lieferanten

Es ist nahe liegend, dass die Umweltbelastung in der Produktion bei den Lieferanten durch effizientere Ressourcennutzung (z. B. weniger Abfallerzeugung oder Energie-

16 EMAS = Eco Management and Audit Scheme, auch bekannt als EU-Öko-Audit, siehe Verordnung (EG) Nr. 1221/2009.

sparmaßnahmen) reduziert werden kann. Gegebenenfalls können die Maßnahmen gemeinsam mit den Lieferanten erarbeitet werden. Sollten Investitionen nötig sein, die sich für einen Lieferanten nicht rechnen, kann eine Aufteilung der Kosten in Erwägung gezogen werden.

Die Betrachtungen sollten für alle Teile der Lieferkette durchgeführt werden, auch für die zugekauften Rohstoffe und Vorprodukte. Dabei sollte nicht vergessen werden, dass nicht nur Waren zugekauft werden, sondern auch Energie, beispielsweise in Form von Strom und Wärme.

Beispiel:

Ich arbeitete für ein Unternehmen, das im Sommer sein Gebäude kühlen musste. Anstatt eine Klimaanlage mit hoher Leistungsaufnahme zu betreiben, verwendete das Unternehmen eine Wasserkühlung. Es gab einen Kühlkreislauf, in dem Wasser tief in der Erde gekühlt wurde. Über Leitungen, die in den Decken des Gebäudes verlegt waren, wurde das Gebäude gekühlt. Um dieses Kühlsystem zu betreiben, waren nur wenige Kilowatt Leistung notwendig – ein Bruchteil dessen, was eine Klimaanlage verbraucht hätte.

Den Lieferanten sollten die Umweltziele klar kommuniziert werden. Falls die Marktmacht gegenüber einem Lieferanten groß genug ist, können Ziele vorgeschrieben werden (z. B., dass 100 % erneuerbare Energien eingesetzt werden müssen). Den Lieferanten kann aber auch freie Hand bei der Ausgestaltung gelassen werden, und es werden nur die Ergebnisse bewertet. Hierzu ist eine gemeinsame Datenbasis erforderlich. Alle Daten über die Lieferkette zu erhalten, ist allerdings nicht einfach. Notfalls müssen Werte geschätzt werden.

12.1.6 Verpackung

Wiederverwendbare Pendelverpackungen können einen wertvollen Beitrag leisten, um Verpackungsmüll zu reduzieren. Zusätzliche Fahrten, um die Leerverpackungen zwischen den Unternehmen hin und her zu senden, sollten aber vermieden werden.

Beispiel:

Wir kauften Metallteile in Deutschland ein und ließen an diesen anschließend mehrere Bearbeitungsschritte in Indonesien durchführen (das Beispiel wurde bereits im Kapitel 7.2 »Erstmusterprüfung« in einem anderen Kontext beschrieben). Es kamen Einwegverpackungen zum Einsatz, die viel Müll erzeugten. Zudem musste jedes fertige Teil einzeln verpackt werden, was großen Aufwand erzeugte. Wir ließen daher Pendelverpackungen anfertigen, mit denen die Teile sowohl nach Indonesien als auch zurück transportiert wurden. Dadurch konnten wir viel Abfall vermeiden und gleichzeitig Prozesszeit einsparen, da mit der Pendelverpackung nicht mehr jedes Teil einzeln ein- und ausgepackt werden musste.

12.1.7 Transport

Der Versand per Luftfracht ist zwar schnell, führt aber zu einer sehr hohen Umweltbelastung. Daher sollte Luftfracht nur bei kleinen Mengen eingesetzt werden oder wenn zeitnahe Lieferungen unbedingt erforderlich sind. Durch vorausschauende Planung ist es in manchen Fällen möglich, auf Seefracht umzustellen.

Beispiel:

Noch eine Ergänzung zum im vorherigen Abschnitt wiederholt erwähnten Beispiel, bei dem wir Metallteile in Deutschland einkauften und an diesen anschließend mehrere Bearbeitungsschritte in Indonesien durchführen ließen: Es wurden fast wöchentlich Lieferungen per Luftfracht hin- und hergesendet. So kamen wir auf eine Jahresmenge von 11 Tonnen. Die Mengen waren im Laufe der Jahre immer größer geworden, aber niemand hatte hinterfragt, ob der Versand per Luftfracht noch wirtschaftlich war. Wir stellten daraufhin gemeinsam mit dem Lieferanten das Logistikkonzept um und transportierten fortan per Seefracht. Wir sparten dadurch viel Geld ein und reduzierten die Umweltbelastung.

Durch vorausschauende Planung lassen sich viele Transporte sogar komplett einsparen, weil Waren gesammelt verschickt werden können.

Eine weitere Stellschraube hat der Einkauf bei der Auswahl der Spediteure. Durch eine Fahrzeugflotte mit geringen Emissionen oder eine intelligente Routenplanung, die Leerfahrten so gut wie möglich vermeidet, kann die von den Spediteuren verursachte Umweltbelastung gesenkt werden.

Viele Unternehmen kaufen Produkte ein, an denen keine weiteren Verarbeitungsschritte vorgenommen werden. Die Ware kommt vom Lieferanten und wird dann zum Kunden weitergeschickt. In diesem Fall kann geprüft werden, ob es sinnvoll ist, Direktlieferungen vom Lieferanten zum Kunden zu etablieren – dies wird als Streckengeschäft bezeichnet. Zwar steigt der Administrationsaufwand, dafür reduzieren sich die Transport- und Lagerkosten, zudem sinkt die Umweltbelastung.

12.1.8 Recycling

Leider werden bei der Entsorgung von Industrieabfällen viele Rohstoffe nicht recycelt. Daher sollte das Ziel sein, Ausschussware nach Möglichkeit wieder aufzubereiten oder zumindest Teile davon wiederzuverwenden. Dadurch kann zusätzlicher Abfall vermieden werden.

> **Beispiel:**
>
> Im Sperrlager befanden sich alte elektronische Baugruppen. Da sich der Aufbau der Leiterplatten verändert hatte, konnten die Produkte nicht mehr eingesetzt werden. Auf den Leiterplatten waren jedoch teure Drosseln verbaut. Wir engagierten einen technikbegeisterten Schüler, der die Drosseln herauslötete, diese konnten für andere Zwecke weiterverwendet werden.

Auch im Recycling von Transportverpackungen können Potenziale schlummern, wie das folgende Beispiel zeigt.

> **Beispiel:**
>
> Wir besuchten einen Lieferanten, der großen Wert auf Nachhaltigkeit legte. Sehr positiv fiel uns auf, womit die Hohlräume der beim Warenversand verwendeten Kartons aufgefüllt wurden: Das Füllmaterial wurde vom Lieferanten aus Altkartonagen selbst hergestellt.

12.1.9 Einkaufscontrolling

Wenn Umweltthemen dauerhaft einen höheren Stellenwert im Unternehmen haben sollen, muss die Unternehmensführung die Ziele und Strategien anpassen. Darauf aufbauend können entsprechende Kennzahlen eingeführt werden. Es kann beispielsweise gemessen werden, welche Energiemenge nötig ist, um eine Einheit eines Produktes herzustellen. Daraus kann der Einkauf wiederum seine eigenen Kennzahlen ableiten.

Ein modernes und elegantes Steuerungsinstrument ist der CO_2-Preis. Dazu muss das Unternehmen festlegen, mit welchem internen Preis CO_2-Emissionen bemessen werden sollen. Dann lässt sich beispielsweise vergleichen, ob lieber bei einem teuren, lokalen Lieferanten oder bei einem günstigen, dafür aber weit entfernten Lieferanten eingekauft werden soll. Auch für Make-or-Buy-Entscheidungen kann der CO_2-Preis herangezogen werden.

12.2 Das Lieferkettensorgfaltspflichtengesetz

Das Gesetz über die unternehmerischen Sorgfaltspflichten zur Vermeidung von Menschenrechtsverletzungen in Lieferketten (kurz: Lieferkettensorgfaltspflichtengesetz oder LkSG) verpflichtet in Deutschland tätige Unternehmen ab einer bestimmten Größe zur Sorgfalt bei menschenrechtlichen oder umweltbezogen Themen.

Im Folgenden werden ausgewählte Aspekte vorgestellt. Für die Umsetzung im Unternehmen sollte das komplette Gesetz studiert werden, darüber hinaus ist die aktuelle Rechtsprechung zu beachten.

12.2.1 Gültigkeit

Das LkSG gilt seit dem 1. Januar 2023 für Unternehmen, die mindestens 3000 Arbeitnehmer in Deutschland beschäftigen, ab dem 1. Januar 2024 sogar schon ab 1000 Arbeitnehmern. Die genauen Regelungen zur Gültigkeit finden sich in § 1 LkSG. Kleinere Unternehmen sind ebenfalls betroffen, wenn sie Teil der Wertschöpfungskette von größeren Unternehmen sind, für die das Gesetz Anwendung findet. Daher sollten auch sie die Maßnahmen umsetzen, wenn sie gewisse Kunden nicht verlieren bzw. solche gewinnen wollen.

12.2.2 Zu schützende Rechtspositionen

Ein menschenrechtliches Risiko im Sinne des Gesetzes ist ein Zustand, bei dem aufgrund tatsächlicher Umstände mit hinreichender Wahrscheinlichkeit ein Verstoß gegen eines der folgenden Verbote droht (für mehr Details siehe § 2 Abs. 2 LkSG):

- Verbot von Kinderarbeit (unter 15 Jahre),
- Verbot der schlimmsten Formen der Kinderarbeit (unter 18 Jahre), beispielsweise Sklaverei,
- Verbot der Beschäftigung von Personen in Zwangsarbeit,
- Verbot aller Formen der Sklaverei,
- Verbot der Missachtung der Pflichten des Arbeitsschutzes,
- Verbot der Missachtung der Koalitionsfreiheit,
- Verbot der Ungleichbehandlung in Beschäftigung,
- Verbot des Vorenthaltens eines angemessenen Lohns,
- Verbot des Herbeiführens von Umweltschäden, welche Menschen schädigen,
- Verbot der widerrechtlichen Zwangsräumung,
- Verbot der Gewalt durch Sicherheitskräfte.

Zusätzlich wird auch jedes weitere Verhalten einbezogen, das schwerwiegende Menschenrechtsverletzungen verursachen kann (siehe § 2 Abs. 2 Nr. 12 LkSG).

Darüber hinaus gibt es analog dazu umweltbezogene Risiken, die in §2 Abs.3 LkSG definiert werden:

- Verbot der Herstellung und Verwendung von Quecksilber und mit Quecksilber versetzten Produkten,
- Verbot der Produktion und Verwendung von bestimmten Chemikalien (persistente organische Schadstoffe),
- Verbot der nicht umweltgerechten Handhabung, Sammlung, Lagerung und Entsorgung von Abfällen nach den Regelungen des POPs-Übereinkommens,
- Verbot der Ausfuhr gefährlicher Abfälle,
- Verbot der Einfuhr gefährlicher Abfälle.

Die Verletzung einer menschenrechts- bzw. umweltbezogenen Pflicht im Sinne des Gesetzes ist der Verstoß gegen ein zuvor genanntes Verbot.

12.2.3 Der Begriff der Lieferkette

In §2 Abs. 5 LkSG wird die Lieferkette wie folgt definiert:

> Die Lieferkette im Sinne dieses Gesetzes bezieht sich auf alle Produkte und Dienstleistungen eines Unternehmens. Sie umfasst alle Schritte im In- und Ausland, die zur Herstellung der Produkte und zur Erbringung der Dienstleistungen erforderlich sind, angefangen von der Gewinnung der Rohstoffe bis zu der Lieferung an den Endkunden und erfasst
> 1. das Handeln eines Unternehmens im eigenen Geschäftsbereich,
> 2. das Handeln eines unmittelbaren Zulieferers und
> 3. das Handeln eines mittelbaren Zulieferers.

Was ein unmittelbarer Zulieferer ist, ist in §2 Abs. 7 LkSG definiert:

> Unmittelbarer Zulieferer im Sinne dieses Gesetzes ist ein Partner eines Vertrages über die Lieferung von Waren oder die Erbringung von Dienstleistungen, dessen Zulieferungen für die Herstellung des Produktes des Unternehmens oder zur Erbringung und Inanspruchnahme der betreffenden Dienstleistung notwendig sind.

Der mittelbare Zulieferer wird in §2 Abs. 7 LkSG definiert:

> Mittelbarer Zulieferer im Sinne dieses Gesetzes ist jedes Unternehmen, das kein unmittelbarer Zulieferer ist und dessen Zulieferungen für die Herstellung des Produktes des Unternehmens oder zur Erbringung und Inanspruchnahme der betreffenden Dienstleistung notwendig sind.

Ein Lieferant für Produktionsmaterial wäre somit ein unmittelbarer Zulieferer, dessen Lieferant für Vorprodukte zu diesem Produktionsmaterial ein mittelbarer Zulieferer. Es kann aber auch Lieferanten geben, die weder ein unmittelbarer noch ein mittelbarer Zulieferer im Sinne des Gesetzes sind.

Die Sorgfaltspflichten sind abgestuft – im eigenen Geschäftsbereich sind sie am höchsten, gefolgt von unmittelbaren Zulieferern. Niedriger sind sie bei mittelbaren Zulieferern.

12.2.4 Sorgfaltspflichten

Gemäß § 3 Abs. 1 LkSG sind die Sorgfaltspflichten wie folgt definiert:

> Unternehmen sind dazu verpflichtet, in ihren Lieferketten die in diesem Abschnitt festgelegten menschenrechtlichen und umweltbezogenen Sorgfaltspflichten in angemessener Weise zu beachten mit dem Ziel, menschenrechtlichen oder umweltbezogenen Risiken vorzubeugen oder sie zu minimieren oder die Verletzung menschenrechtsbezogener oder umweltbezogener Pflichten zu beenden. Die Sorgfaltspflichten enthalten:
> 1. die Einrichtung eines Risikomanagements (§ 4 Absatz 1),
> 2. die Festlegung einer betriebsinternen Zuständigkeit (§ 4 Absatz 3),
> 3. die Durchführung regelmäßiger Risikoanalysen (§ 5),
> 4. die Abgabe einer Grundsatzerklärung (§ 6 Absatz 2),
> 5. die Verankerung von Präventionsmaßnahmen im eigenen Geschäftsbereich (§ 6 Absatz 1 und 3) und gegenüber unmittelbaren Zulieferern (§ 6 Absatz 4),
> 6. das Ergreifen von Abhilfemaßnahmen (§ 7 Absatz 1 bis 3),
> 7. die Einrichtung eines Beschwerdeverfahrens (§ 8),
> 8. die Umsetzung von Sorgfaltspflichten in Bezug auf Risiken bei mittelbaren Zulieferern (§ 9) und
> 9. die Dokumentation (§ 10 Absatz 1) und die Berichterstattung (§ 10 Absatz 2).

Die Unternehmen müssen also nachweisen können, dass Sie sich entsprechend der Vorgaben des Gesetzes bemüht haben, die Pflichten einzuhalten, sie sind jedoch nicht zum Erfolg verpflichtet.

Die Angemessenheit der Sorgfaltspflichten wird in § 3 Abs. 2 LkSG geregelt:

> Die angemessene Weise eines Handelns, das den Sorgfaltspflichten genügt, bestimmt sich nach
> 1. Art und Umfang der Geschäftstätigkeit des Unternehmens,
> 2. dem Einflussvermögen des Unternehmens auf den unmittelbaren Verursacher eines menschenrechtlichen oder umweltbezogenen Risikos oder

der Verletzung einer menschenrechtsbezogenen oder einer umweltbezogenen Pflicht,
3. der typischerweise zu erwartenden Schwere der Verletzung, der Umkehrbarkeit der Verletzung und der Wahrscheinlichkeit der Verletzung einer menschenrechtsbezogenen oder einer umweltbezogenen Pflicht sowie
4. nach der Art des Verursachungsbeitrages des Unternehmens zu dem menschenrechtlichen oder umweltbezogenen Risiko oder zu der Verletzung einer menschenrechtebezogenen oder einer umweltbezogenen Pflicht.

Kauft beispielsweise ein mittelständisches Unternehmen Halbleiterchips bei einem US-amerikanischen Großkonzern ein, dann dürften die Einflussmöglichkeiten auf diesen Lieferanten überschaubar sein. Auch das Risiko für einen Verstoß gegen eines der zuvor genannten Verbote ist nicht besonders ausgeprägt. Demnach würden keine übertriebenen Sorgfaltspflichten erwartet werden. Anders würde es aussehen, wenn ein kleiner Lieferant aus einem Entwicklungsland eine verlängerte Werkbank darstellen würde. In diesem Fall gäbe es umfangreichere Sorgfaltspflichten.

Die erwähnten Sorgfaltspflichten sollen nun näher erläutert werden.

- **Einrichtung eines Risikomanagements (§ 4 Abs. 1 LkSG)**
  Mithilfe eines einzurichtenden Risikomanagements sollen menschenrechts- und umweltbezogene Risiken erkannt und minimiert werden. Wenn Pflichten tatsächlich verletzt werden, dann müssen die Verletzungen verhindert, beendet oder das Ausmaß reduziert werden, wenn das Unternehmen zu den Risiken oder Verletzungen beigetragen oder sie verursacht hat. Im zuvor erwähnten Beispiel mit dem Halbleiterchiplieferanten wären also im Ernstfall nicht zwingend Maßnahmen erforderlich, da der Einfluss auf den Lieferanten als gering eingestuft werden kann.
- **Festlegung einer betriebsinternen Zuständigkeit (§ 4 Abs. 3 LkSG)**
  Es muss festgelegt werden, wer innerhalb des Unternehmens dafür zuständig ist, das Risikomanagement zu überwachen. Dazu wird die Ernennung eines sogenannten Menschenrechtsbeauftragten vorgeschlagen. Die Geschäftsleitung muss sich regelmäßig über dessen Arbeit informieren. Die Arbeit kann auch auf mehrere Personen verteilt werden. Es ist zu beachten, dass nicht nur die Lieferanten überwacht werden müssen, sondern auch der eigene Geschäftsbereich. Falls ein Mitarbeiter des Einkaufs die Rolle übernehmen soll, muss sich dieser also auch darum kümmern. Zudem können Interessenskonflikte entstehend, wenn ein Einkaufsmitarbeiter die Rolle übernimmt.
- **Durchführung regelmäßiger Risikoanalysen (§ 5 LkSG)**
  Mindestens einmal im Jahr sowie anlassbezogen muss eine Risikoanalyse durchgeführt werden, deren Ergebnisse an die maßgeblichen Entscheidungsträger, etwa Vorstand oder Einkaufsabteilung, kommuniziert werden. Die menschrechtlichen und umweltbezogenen Risiken sowohl im eigenen Geschäftsbereich als auch bei unmittelbaren Zulieferern sollen damit ermittelt und bewertet werden. Falls

nötig, kann auch eine Priorisierung erfolgen, um zu entscheiden, in welcher Reihenfolge eine Abarbeitung erfolgt. Die Methoden für die Informationsgewinnung können selbstständig gewählt werden. Da es eine Vielzahl an zu schützenden Rechtspositionen gibt, ist die Risikoanalyse sehr aufwändig.

- **Abgabe einer Grundsatzerklärung (§ 6 Abs. 2 LkSG)**
  Die Unternehmensleitung muss für das Unternehmen eine Grundsatzerklärung über seine Menschenrechtsstrategie abgeben, die an Beschäftigte, gegebenenfalls den Betriebsrat, an unmittelbare Zulieferer und an die Öffentlichkeit kommuniziert werden muss.[17] Diese muss enthalten:
  - Die Beschreibung des Verfahrens, mit dem das Unternehmen seinen Pflichten nachkommt,
  - die für das Unternehmen auf Grundlage der Risikoanalyse festgestellten prioritären menschenrechtlichen und umweltbezogenen Risiken und
  - die auf Grundlage der Risikoanalyse erfolgte Festlegung der menschenrechtsbezogenen und umweltbezogenen Erwartungen, die das Unternehmen an seine Beschäftigten und Zulieferer in der Lieferkette richtet.
- **Verankerung von Präventionsmaßnahmen im eigenen Geschäftsbereich (§ 6 Abs. 1 und 3 LkSG) und gegenüber unmittelbaren Zulieferern (§ 6 Abs. 4 LkSG)**
  Hat ein Unternehmen bei der Risikoanalyse ein Risiko festgestellt, muss es unverzüglich angemessene Präventionsmaßnahmen ergreifen. Im eigenen Geschäftsbereich gehören zu den Präventionsmaßnahmen insbesondere:
  - die Umsetzung der in der Grundsatzerklärung dargelegten Menschenrechtsstrategie,
  - die Entwicklung und Implementierung geeigneter Beschaffungsstrategien und Einkaufspraktiken, durch die festgestellte Risiken verhindert oder minimiert werden,
  - die Durchführung von Schulungen in den relevanten Geschäftsbereichen,
  - die Durchführung risikobasierter Kontrollmaßnahmen, mit denen die Einhaltung der in der Grundsatzerklärung enthaltenen Menschenrechtsstrategie im eigenen Geschäftsbereich überprüft wird.

  Zu den Präventionsmaßnahmen gegenüber den unmittelbaren Zulieferern gehören:
  - Die Berücksichtigung der menschenrechtsbezogenen und umweltbezogenen Erwartungen bei der Auswahl eines unmittelbaren Zulieferers,
  - die vertragliche Zusicherung eines unmittelbaren Zulieferers, dass dieser die von der Geschäftsleitung des Unternehmens verlangten menschenrechtsbezogenen und umweltbezogenen Erwartungen einhält und entlang der Lieferkette angemessen adressiert (dazu empfiehlt es sich, einen sogenannten Lieferantenkodex zu erstellen, der für alle Lieferanten gültig ist, auf diesen kann beispielsweise in den allgemeinen Einkaufsbedingungen verwiesen werden),

17 Siehe Bundestags-Drucksache 19/28649 S. 46.

  - die Durchführung von Schulungen und Weiterbildungen zur Durchsetzung der vertraglichen Zusicherungen des unmittelbaren Zulieferers,
  - die Vereinbarung angemessener vertraglicher Kontrollmechanismen sowie deren risikobasierte Durchführung, um die Einhaltung der Menschenrechtsstrategie bei dem unmittelbaren Zulieferer zu überprüfen.

  Die Wirksamkeit der Präventionsmaßnahmen ist einmal jährlich sowie anlassbezogen zu überprüfen.
- **Ergreifen von Abhilfemaßnahmen (§ 7 Abs. 1 bis 3 LkSG)**
  Die umfassendsten Pflichten bestehen für die eigene Geschäftstätigkeit und für unmittelbare Zulieferer. Hier müssen unverzüglich angemessene Abhilfemaßnahmen ergriffen werden, wenn das Unternehmen feststellt, dass eine Verletzung einer menschenrechts- oder umweltbezogenen Pflicht eingetreten ist oder unmittelbar bevorsteht. Im eigenen Geschäftsbereich muss die Abhilfemaßnahme zu einer Beendigung der Verletzung führen. Bei einem unmittelbaren Zulieferer muss zumindest ein Konzept zur Beendigung oder Minimierung der Verletzung erstellt und umgesetzt werden, wenn diese nicht in absehbarer Zeit beendet werden kann. In sehr schwerwiegenden Fällen müssen Geschäftsbeziehungen abgebrochen werden. Die Abhilfemaßnahmen für mittelbare Zulieferer sind in § 9 Abs. 3 Nr. 3 LkSG geregelt. Bei mittelbaren Zulieferern muss nur ein Konzept zur Verhinderung, Beendigung oder Minimierung erstellt und umgesetzt werden, ohne dass dies zwangsläufig zum Erfolg führen muss.
- **Einrichtung eines Beschwerdeverfahrens (§ 8 LkSG)**
  Es muss ein Beschwerdeverfahren eingerichtet werden, welches Personen ermöglicht, auf menschenrechtliche und umweltbezogene Risiken sowie auf Verletzungen menschenrechtsbezogener oder umweltbezogener Pflichten hinzuweisen. Das Beschwerdeverfahren kann intern oder extern (beispielsweise von einem Branchenverband) eingerichtet werden. Die Beschwerdehinweise sind den Hinweisgebern zu bestätigen und außerdem zu dokumentieren. Die Wirksamkeit des Beschwerdeverfahrens ist mindestens einmal im Jahr sowie anlassbezogen zu überprüfen.
- **Umsetzung von Sorgfaltspflichten in Bezug auf Risiken bei mittelbaren Zulieferern (§ 9 LkSG)**
  Das Beschwerdeverfahren muss auch Hinweise für mittelbare Zulieferer zulassen. Wenn tatsächliche Anhaltspunkte vorliegen, die eine Verletzung einer menschenrechtsbezogenen oder einer umweltbezogenen Pflicht bei mittelbaren Zulieferern möglich erscheinen lassen (substantiierte Kenntnis), hat das Unternehmen anlassbezogen unverzüglich
  - eine Risikoanalyse durchzuführen,
  - angemessene Präventionsmaßnahmen gegenüber dem Verursacher zu verankern,
  - ein Konzept zur Verhinderung, Beendigung oder Minimierung zu erstellen und umzusetzen und
  - gegebenenfalls seine Grundsatzerklärung zu aktualisieren.

Die substantiierte Kenntnis wird beispielsweise durch eine Beschwerde über das Beschwerdeverfahren, durch Vorfälle beim mittelbaren Zulieferer oder durch Hinweise von Behörden erlangt.

- **Dokumentation (§ 10 Abs. 1 LkSG) und Berichterstattung (§ 10 Abs. 2 LkSG)**
  Die Erfüllung der Sorgfaltspflichten ist unternehmensintern fortlaufend zu dokumentieren. Die Dokumentation ist ab ihrer Erstellung mindestens sieben Jahre lang aufzubewahren. Es ist jährlich ein Bericht über die Erfüllung der Sorgfaltspflichten im vergangenen Geschäftsjahr zu erstellen und spätestens vier Monate nach dem Schluss des Geschäftsjahrs auf der Internetseite des Unternehmens für einen Zeitraum von sieben Jahren kostenfrei öffentlich zugänglich zu machen. In dem Bericht ist nachvollziehbar mindestens darzulegen,
  - ob und falls ja, welche menschenrechtlichen und umweltbezogenen Risiken oder Verletzungen einer menschenrechtsbezogenen oder umweltbezogenen Pflicht das Unternehmen identifiziert hat,
  - was das Unternehmen zur Erfüllung seiner Sorgfaltspflichten unternommen hat,
  - wie das Unternehmen die Auswirkungen und die Wirksamkeit der Maßnahmen bewertet und
  - welche Schlussfolgerungen es aus der Bewertung für zukünftige Maßnahmen zieht.

  Wenn keine Risiken festgestellt werden, muss dies auch im Bericht festgehalten werden.

12.2.5 Ausblick

Außerhalb Deutschlands gibt es in verschiedenen Ländern vergleichbare Lieferkettengesetze oder sie entstehen gerade. Auch die EU beschäftigt sich mit dem Thema. Ein Richtlinienentwurf für ein Lieferkettengesetz liegt vor und die EU-Staaten haben sich auf eine gemeinsame Position geeinigt. Der genaue Text muss noch ausgearbeitet werden.[18] Es ist damit zu rechnen, dass Deutschland das Lieferkettensorgfaltspflichtengesetz in Zukunft an die EU-Richtlinie anpassen wird.

12.2.6 Umsetzungshilfen für kleine und mittlere Unternehmen

Die Umstellung auf nachhaltige Lieferketten sowie die Erfüllung aller Anforderungen des Lieferkettensorgfaltspflichtengesetzes ist mit viel Arbeit verbunden. Viele Unternehmen sind damit überfordert.

---

18 Aktueller Stand: 24. März 2023.

Im Auftrag des Bundesministeriums für wirtschaftliche Zusammenarbeit und Entwicklung betreibt die Agentur für Wirtschaft & Entwicklung den sogenannten KMU Kompass.[19] Mithilfe eines kostenfreien Online-Tools können kleine und mittlere Unternehmen soziale und ökologische Risiken entlang ihrer Lieferkette besser verstehen und damit ihrer unternehmerischen Sorgfalt besser nachkommen.

Darüber hinaus hat das Bundesministerium für Arbeit und Soziales einen Fragen-und-Antworten-Katalog zum Lieferkettensorgfaltspflichtengesetz veröffentlicht.[20]

ZUSAMMENFASSUNG

- Wenn ein Unternehmen seine Umweltbelastung senken will, müssen die Lieferketten berücksichtigt werden. Umweltschutzmaßnahmen kosten Geld, führen oft aber auch zu einem sparsameren Umgang mit Ressourcen. Daher sind die Mehrkosten unter dem Strich oft nicht so hoch, wie zunächst vermutet werden könnte.
- Das Lieferkettensorgfaltspflichtengesetz gilt seit dem 1. Januar 2023 für Unternehmen, die mindestens 3.000 Arbeitnehmer in Deutschland beschäftigen, ab dem 1. Januar 2024 sogar schon ab 1.000 Arbeitnehmern. Kleinere Unternehmen sind ebenfalls betroffen, wenn sie Teil der Wertschöpfungskette von größeren Unternehmen sind, für die das Gesetz Anwendung findet. Das Lieferkettensorgfaltspflichtengesetz verpflichtet zur Sorgfalt bei menschenrechtlichen oder umweltbezogen Themen. Die Umsetzung aller geforderten Maßnahmen ist sehr umfangreich.

19 Siehe https://wirtschaft-entwicklung.de/wirtschaft-menschenrechte/kmu-kompass.
20 Siehe https://www.csr-in-deutschland.de/DE/Wirtschaft-Menschenrechte/Gesetz-ueber-die-unternehmerischen-Sorgfaltspflichten-in-Lieferketten/FAQ/faq-art.html.

13 Prozessmanagement

Im Einkauf gibt es viele Schnittstellen zu anderen Abteilungen, gleichzeitig existieren zahlreiche wiederkehrende Prozesse – daher sollte auf Einkaufsprozesse besonderes Augenmerk gelegt werden.

Als kleiner Test für die Qualität von Prozessen hier zwei Beispiele für Arbeitsabläufe, bei denen hinterfragt werden kann, ob sie im eigenen Unternehmen funktionieren:

- Werden zeitlich befristete Geheimhaltungsvereinbarungen nach deren Ablauf erneuert?
- Wird bemerkt, wenn sich ein Lieferant nach der Zusendung von reklamierter Ware nicht mehr meldet?

13.1 Tipps für reibungslose Prozesse

Im Folgenden ein paar Tipps, wie im Einkauf Prozesse geschaffen werden können, die effizient und wenig fehleranfällig sind.

13.1.1 Keep it simple

Ein Prozess muss nicht zwangsläufig jede erdenkliche Situation abbilden. Viel wichtiger ist es, dass er in den Standardfällen gut funktioniert und einfach umzusetzen ist. Je komplizierter ein Prozess ist, desto höher ist die Wahrscheinlichkeit, dass die reale Arbeitsweise davon abweicht. Die Mitarbeiter sollten die Prozesse auswendig kennen. Ist dies nicht der Fall, dann ist ein Prozess mit hoher Wahrscheinlichkeit zu kompliziert.

13.1.2 Prozesse dokumentieren

Eine Zertifizierung nach ISO 9001 erfordert, dass Prozesse dokumentiert werden. Die formellen Dokumentationsanforderungen sind nicht mehr so streng wie früher. Leider werden nach wie vor in vielen Unternehmen massenhaft Dokumente zur Prozessdokumentation erzeugt, die nach einem Zertifizierungsaudit in der Schublade verschwinden und bis zum nächsten Audit nie wieder angeschaut werden. Dies ist beispielsweise dann häufig der Fall, wenn Prozesse mithilfe von Prozessstammblättern, Verfahrensanweisungen und Arbeitsanweisungen dokumentiert werden – was früher Standard war.

Die Hemmschwelle für die Mitarbeiter, einen Prozess im Zweifel nachzuschlagen, sollte so niedrig wie möglich gehalten werden. Dies ist beispielsweise dann erfüllt, wenn

Prozesse mit Flussdiagrammen visualisiert werden und der Zugriff darauf sehr einfach ist. Theoretisch wäre eine Visualisierung mit marktüblicher Bürosoftware möglich. Es existiert aber auch eine Vielzahl von Programmen, die genau für diesen Zweck geschaffen wurden.[21] Viele dieser Programme haben ihren Ursprung eher im Prozessmanagement als im Qualitätsmanagement. Dennoch lassen sich damit in der Regel auch die Anforderungen an ein Qualitätsmanagementsystem erfüllen, sodass klassische Qualitätsmanagementsoftware überflüssig wird und somit weniger Zeit mit Selbstbeschäftigung vergeudet wird.

13.1.3 Einheitliche Prozesse

In einer Abteilung gibt es oftmals Teams, die ähnliche, aber leicht andere Aufgaben betreuen (z. B. verschiedene Warengruppen im Einkauf oder verschiedene Regionen im Vertrieb). Aufgrund historischer Gegebenheiten unterscheiden sich die Arbeitsweisen häufig. Es ist sinnvoll, schon von Anfang an beim Wachsen einer Abteilung die Arbeitsweisen zu synchronisieren.

13.1.4 Prozesse an ERP-Software anlehnen

Es gibt zwei Möglichkeiten: Entweder wird das ERP-System an die eigenen Prozesse angepasst oder das Unternehmen passt sich den Prozessen an, die das ERP-System als die Standardprozesse vorgibt. Die erste Möglichkeit ist grundsätzlich machbar. Ginge es nach den Anbietern von ERP-Systemen, dann sollte davon reger Gebrauch gemacht werden, schließlich verdienen diese daran Geld, oft mehr als mit den Lizenzen. Es sollte jedoch bedacht werden, dass jede Anpassung am System genau dokumentiert werden muss. Bei Updates des ERP-Systems muss ausgiebig getestet werden, ob das Update keine negativen Auswirkungen auf die Anpassungen hat. Daher ist es ratsam, möglichst viele Prozesse an den Standardprozessen des ERP-Systems auszurichten.

13.1.5 Prozess nach systematischem Fehler anpassen

Nach dem Auftreten von Problemen werden häufig E-Mails an alle Mitarbeiter geschickt mit der Bitte, die Funktionsweise des Prozesses zukünftig genauer zu beachten. Genauso wichtig wäre es aber, zu hinterfragen, ob ein systematischer Fehler vorliegt. Falls Ja, sollte der Prozess angepasst werden. Auch wenn sich das trivial anhört: Dies wird in der Praxis viel zu selten getan.

21 Beispiele für solche Software sind Signavio, BIC Cloud oder ViFlow.

Beispiel:

Nachdem wiederholt Artikel mit falschen Bezeichnungen angelegt wurden, schrieb der Geschäftsführer eine Mail an alle Mitarbeiter, in der er darum bat, zukünftig die Nomenklatur zu beachten. Gleichzeitig gab es aber keinen definierten Ablauf für die Anlage von Artikeln. Besser wäre es daher gewesen, den genauen Ablauf für die Artikelanlage zu definieren und dann die Belegschaft darüber zu informieren.

13.2 Prozessrestrukturierung

Ziel der Prozessrestrukturierung ist es, Prozesse und Arbeitsabläufe durch ihre Neu- oder Umgestaltung effizienter zu gestalten, Durchlaufzeiten zu verkürzen und die Prozesssicherheit zu erhöhen. Zunächst gibt es einen Ausgangsprozess, siehe Abbildung 24. Möglichkeiten für die Restrukturierung sind in Abbildung 25 dargestellt.[22]

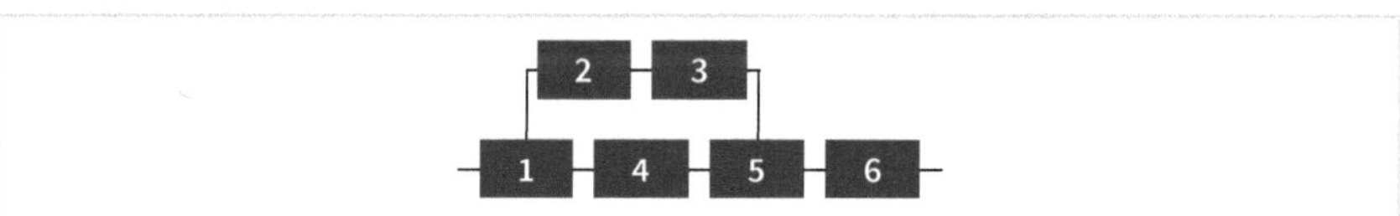

Abb. 24: Ausgangsprozess, der restrukturiert werden soll

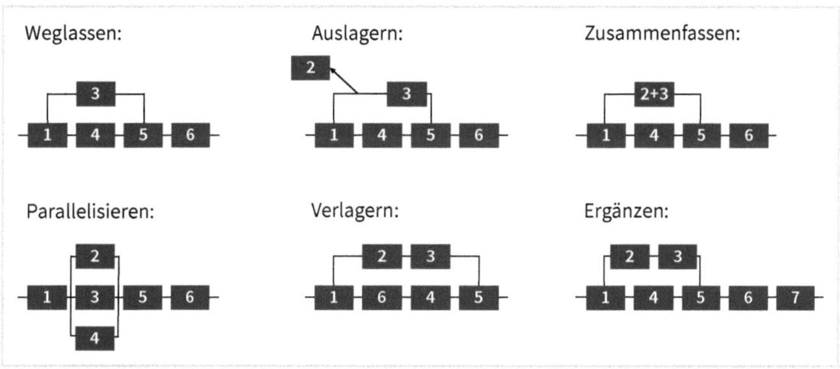

Abb. 25: Möglichkeiten zur Restrukturierung von Prozessen

Zur Abbildung 25:

- Beim Weglassen wird ein kompletter Arbeitsschritt entfernt. Ein Beispiel hierfür kann eine wegfallende Genehmigung sein.
- Beim Auslagern von Arbeitsschritten finden diese zwar noch statt, werden aber extern bewältigt. Das Verbuchen auf Konten bei der Buchführung, das von einem Steuerberater übernommen wird, ist ein Beispiel.

22 Angelehnt an: Knut Bleicher: Organisation, 2. Auflage, Gabler, S. 196.

- Das Zusammenfassen führt dazu, dass zwei Schritte kombiniert werden. Beispielsweise könnten zwei Montageschritte in der Fertigung, die von zwei verschiedenen Mitarbeitern durchgeführt werden, zu einem einzigen Fertigungsschritt kombiniert werden, der nun nur noch von einer Person durchgeführt wird.
- Das hauptsächliche Ziel des Parallelisierens liegt darin, Durchlaufzeiten zu verkürzen. Werden beispielsweise drei Baugruppen zu einer größeren montiert, dann kann die Vormontage der Baugruppen parallel erfolgen.
- Beim Verlagern werden Arbeitsschritte zu einem anderen Zeitpunkt erledigt. Beispielsweise könnten die Stammdaten für ein Kundenprodukt schon bei der Angebotserstellung und nicht erst nach Erhalt des Auftrags erstellt werden, was zu einer kürzeren Lieferzeit führen könnte. Falls es nicht zum Auftrag kommen würde, wäre die Arbeit jedoch unnötig angefallen.
- Das Ergänzen dient eher dazu, die Prozesssicherheit zu erhöhen. Ein Beispiel wäre hier eine hinzugefügte Prüfung am Ende des Prozesses.

13.3 Exkurs: ERP-Systeme

Der Markt für ERP-Systeme ist unübersichtlich. Alleine in Deutschland gibt es mehrere Hundert Anbieter. Werden diese Systeme nach ihrem Funktionsumfang betrachtet, dann lassen sie sich grob in drei Kategorien einteilen, siehe die folgende Tabelle 7.

	Einfache Standardsysteme	Systeme für Fertigungsbetriebe	Systeme für Großkonzerne
Beispiel für Software	Sage 100	proALPHA	SAP® ERP
Preis	niedrig	mittel	hoch
Einarbeitungszeit	niedrig	niedrig bis mittel	hoch
Funktionsumfang	gering	mittel	umfangreich
Fertigungssteuerung	eingeschränkt	umfangreich	sehr umfangreich
Verwaltung mehrerer Standorte	meist nicht möglich	meist eingeschränkt möglich	länderübergreifend möglich

Tab. 7: Vergleich von ERP-Systemen

Bei einfachen Standardsystemen werden bei der Einführung wenige Personentage an externer Hilfe für die Einrichtung benötigt und das Einführungsprojekt dauert nur wenige Monate, bevor im Echtbetrieb gearbeitet werden kann. Solche Systeme sind zwar vergleichsweise einfach zu bedienen, stoßen aber bei komplizierten Aufgaben, insbesondere in Fertigungsbetrieben, schnell an ihre Grenzen. In diesem Fall müssen Anpassungen zugekauft oder programmiert werden. Die Einführungskosten eines solchen ERP-Systems liegen in kleinen Unternehmen bei ca. 20.000 €, es gibt sogar auch kostenlose Systeme. Prominenter Vertreter dieser Gattung sind die Programme des Unternehmens Sage, es gibt jedoch sehr viele solcher Systeme. Wenn abzusehen ist, dass ein Unternehmen wachsen wird und das Geld vorhanden ist, sollte gleich ein System der nächstgrößeren Kategorie eingeführt werden, da ein Wechsel von einem ERP-System auf ein anderes mit großen Kosten und Risiken verbunden ist.

Die nächstgrößere Gattung ist auch für komplizierte Fertigungsbetriebe geeignet. Programme dieser Kategorie bieten eine große Funktionsvielfalt, was sich insbesondere bei der Fertigungssteuerung positiv bemerkbar macht. Durch den großen Funktionsumfang müssen seltener Zusatzmodule gekauft werden. Allerdings ist die Einrichtung eines solchen Systems recht aufwendig und die Einführung ist teurer, es kann von mindestens 100.000 € ausgegangen werden. Als prominentes Beispiel für ein solches Programm sei proALPHA genannt. Es gibt noch einige andere vergleichbare Systeme, aber die Auswahl ist bereits deutlich eingeschränkt.

Am umfangreichsten sind Systeme für Großkonzerne. Besonders bei Unternehmen mit vielen Standorten in unterschiedlichen Ländern spielen diese Programme ihre Stärken aus. Im Vergleich zu den Systemen der beiden erstgenannten Anbieter sind sowohl die Einarbeitungszeit für die Benutzer als auch der Administrationsaufwand deutlich größer – als Belohnung winkt ein gewaltiger Funktionsumfang. In der Regel werden für die Einführung eines solchen Programms hohe Millionenbeträge ausgegeben. Prominentestes Beispiel für ein solches Programm ist SAP® ERP (nicht zu verwechseln mit SAP Business One®, das eher zur erstgenannten Kategorie gehört). Es gibt nur eine Handvoll Alternativen dazu.

ZUSAMMENFASSUNG

- Komplizierte Prozesse funktionieren selten, daher sind Prozesse so einfach wie möglich zu gestalten.
- Die Dokumentation der Prozesse sollte so sein, dass die Mitarbeiter die Dokumentation auch tatsächlich nutzen.
- Nach systematischen Fehlern ist zu prüfen, ob die dahinterstehenden Prozesse angepasst werden sollten.

14 Organisationsformen

In diesem Kapitel werden Möglichkeiten dargestellt, wie Einkaufsabteilungen bei wachsenden Unternehmen effizient strukturiert werden können.

14.1 Arbeitsaufteilung in kleinen Unternehmen

In kleinen Unternehmen gibt es manchmal gar keinen eigenen Einkauf, dort führt eine Teamassistenz beispielsweise im Auftrag der Fachabteilungen die Bestellungen durch. Dieses Modell ist wenig empfehlenswert, da viele wichtige Aufgaben, die der Einkauf erfüllen sollte, überhaupt nicht berücksichtigt werden.

Sobald der erste Einkäufer eingestellt ist, muss dieser sämtliche Aufgaben des Einkaufs übernehmen. Welche das sind, darüber gibt Abbildung 26 einen Überblick. Inhaber solcher Stellen werden als »Einkäufer(in)«, »Technische(r) Einkäufer(in)«, »Supply Chain Manager« oder ähnlich bezeichnet.

Abb. 26: Aufgaben (technischer) Einkauf

Ein technisches Grundverständnis ist von Vorteil, wenn beispielsweise Abstimmungen mit der Entwicklungsabteilung erforderlich sind, aber auch ohne eine technische Ausbildung oder ein technisches Studium kann die Tätigkeit bei entsprechendem Interesse an der Materie bewältigt werden.

Bei zunehmender Arbeitslast ist die nahe liegende Lösung, zur Entlastung der technischen Einkäufer eine Teamassistenz einzustellen, die bestimmte Aufgaben übernehmen kann, siehe Abbildung 27.

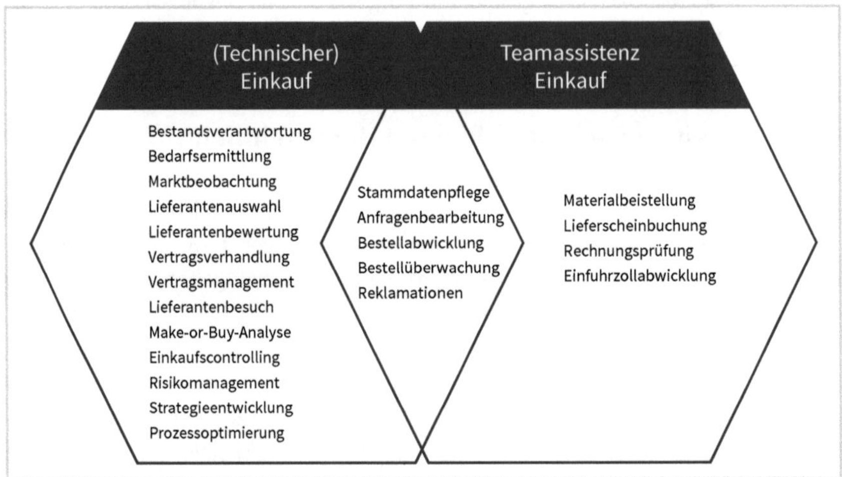

Abb. 27: Aufgaben (technischer) Einkauf und Teamassistenz

Dieses Modell funktioniert kurzfristig gut. Langfristig gesehen gibt es jedoch einige Negativpunkte, die nicht gleich ersichtlich sind:

- Während des Beschaffungsprozesses (Anfrage – Verhandlung – Bestellung – Wareneingang – Rechnungsprüfung) wird mehrfach der Bearbeiter gewechselt. Dadurch steigt die Fehleranfälligkeit, zudem werden systematische, wiederkehrende Probleme bei den Lieferanten nicht so leicht erkannt.
- Die technischen Einkäufer schenken strategischen Aufgaben zu wenig Beachtung, da operative Aufgaben dringender sind, um die Verfügbarkeit der erforderlichen Materialien kurzfristig sicherzustellen.
- Die Teamassistenzaufgaben können mitunter eintönig sein. Für Teilzeitkräfte mag dies dauerhaft zufriedenstellend sein, besonders bei Vollzeitkräften kommt aber häufig der Wunsch nach mehr Verantwortung auf.

Fehler beim Einkauf können zu großen Schäden führen. Daher ist auch für die Stelle der Teamassistenz besondere Sorgfalt und Zuverlässigkeit gefragt. Eine solche Person ist dann aber häufig auch in der Lage, die Stelle eines operativen Einkäufers auszufüllen – dazu gleich mehr.

14.2 Strategischer und operativer Einkauf

Wie der Einkauf in einen strategischen und in einen operativen Bereich aufgeteilt werden kann, ist in Abbildung 28 dargestellt. Der operative Einkauf erledigt das Tagesgeschäft, während der strategische Einkauf die Rahmenbedingungen schafft. Um es bildhaft auszudrücken: Der operative Einkauf ist das Getriebe, während der strategische Einkauf den Sand im Getriebe entfernt und dafür sorgt, dass das Getriebe immer technisch in Ordnung ist. Bei Problemen mit den Lieferanten ist eine enge Abstimmung zwischen operativen und strategischen Einkäufern nötig, damit klar ist, wer sich konkret um was kümmert.

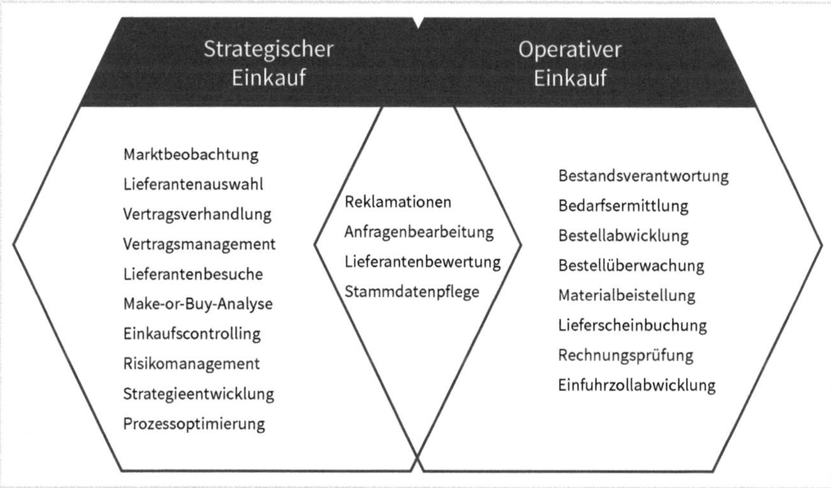

Abb. 28: Aufgaben strategischer und operativer Einkauf

Bei steigender Unternehmensgröße werden Aufgaben des operativen Einkaufs teilweise an andere Abteilungen ausgelagert. Beispielsweise werden Lieferscheinbuchungen dann häufig von den Wareneingangsmitarbeitern und nicht mehr von den Einkäufern durchgeführt.

Die Vorteile, den Einkauf in einen strategischen und einen operativen Bereich aufzuteilen, sind beispielsweise:

- Wichtige strategische Aufgaben werden schneller vorangetrieben, da die Hauptaufgabe der strategischen Einkäufer genau darin liegt.
- Die Stärken der Mitarbeiter können zielgerichteter genutzt werden. Während im operativen Einkauf vor allem hohe Zuverlässigkeit, Gewissenhaftigkeit, Genauigkeit und Organisationstalent gefragt sind, spielen im strategischen Einkauf eine unternehmerische Denkweise, technisches Verständnis und Durchsetzungsstärke eine größere Rolle.

Bei dieser Aufteilung sind unter anderem folgende Herausforderungen zu bewältigen:

- Es muss ein reger Austausch zwischen dem operativen und dem strategischen Einkauf stattfinden. Der strategische Einkauf kann nur dann praxisrelevante Probleme lösen, wenn dieser Austausch stattfindet.

- Der technische Einkauf ist bei diesem Modell meist gleichbedeutend mit dem strategischen Einkauf. Bei sehr technikaffinen Einkäufern muss darauf geachtet werden, dass zusätzlich zur technischen Komponente auch strategische Aufgaben ausreichend bearbeitet werden.

Während in Stellenanzeigen und Organigrammen strategische Einkäufer oft als solche bezeichnet werden (andere Bezeichnungen sind aber auch üblich), sind für operative Einkäufer meist andere Bezeichnungen wie z. B. »Sachbearbeiter(in) Einkauf« oder »Disponent(in)«[23] üblich.

14.2.1 In Warengruppen aufteilen

In größeren Einkaufsabteilungen sind Einkäufer nur noch für bestimmte Warengruppen verantwortlich. Entweder gibt es einen strategischen und einen operativen Einkauf, in dem die verschiedenen Warengruppen angesiedelt sind, oder es gibt Warengruppenbereiche, in denen jeweils strategischer sowie operativer Einkauf angesiedelt sind (siehe Abbildung 29).

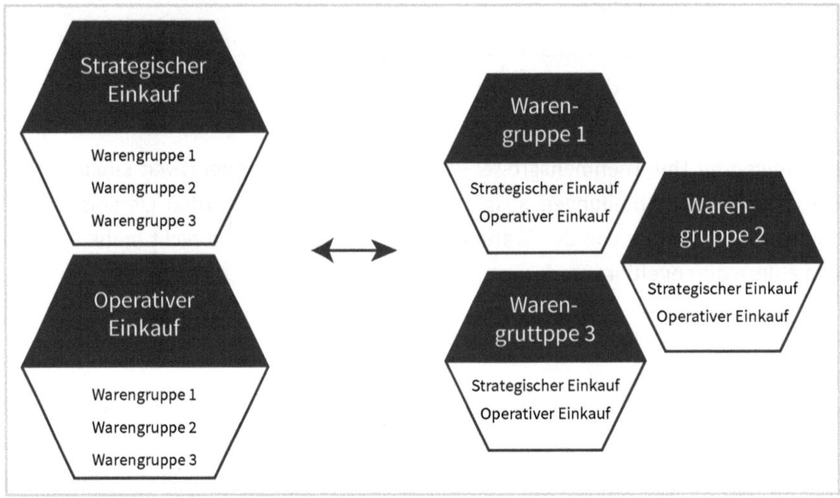

Abb. 29: Möglichkeiten für eine Warengruppenaufteilung

---

23 Der Arbeitsbereich von Disponenten umfasst streng genommen nur einen Teilbereich des operativen Einkaufs.

Vorteile der ersten Variante (die sich in den letzten Jahren immer mehr durchgesetzt hat) sind:

- Es gibt regeren Austausch zwischen den einzelnen strategischen Einkäufern, beispielsweise über Arbeitsmethoden.
- Die Arbeitsweisen in den unterschiedlichen Warengruppenbereichen sind einheitlicher.
- Die Wahrscheinlichkeit, dass sich strategische Einkäufer doch mit operativen Aufgaben auseinandersetzen müssen, ist geringer, wodurch mehr Zeit für ihre eigentlichen Aufgaben bleibt.
- Manche operativen Einkäufer haben den Eindruck, dass ihre Arbeit minderwertiger sei als die der strategischen Einkäufer[24], wodurch ein Wechselwunsch in den strategischen Einkauf entsteht. Bei komplett getrennten Bereichen kommt dies seltener vor.

Die Vorteile der zweiten Variante sind:

- Die Warengruppenkompetenz ist meist höher, da innerhalb der Warengruppe ein größerer Austausch stattfindet.
- Die Gefahr, dass ein strategischer Einkäufer Aufgaben erledigt, die für den operativen Einkauf keine Relevanz haben, ist geringer.

14.2.2 Operativer Einkauf als gleichzeitiges Auftragszentrum

Ein kundenorientierter moderner Ansatz ist folgender: Wie zuvor gibt es einen strategischen Einkauf. Der operative Einkauf wird jedoch mit der vertriebsseitigen Auftragsabwicklung verschmolzen (siehe Abbildung 30). Die Mitarbeiter im Auftragszentrum können die operativen Einkaufsaufgaben und die vertriebsseitige Auftragsabwicklung in Personalunion vornehmen, es kann aber auch Spezialisierungen innerhalb der Abteilung geben.

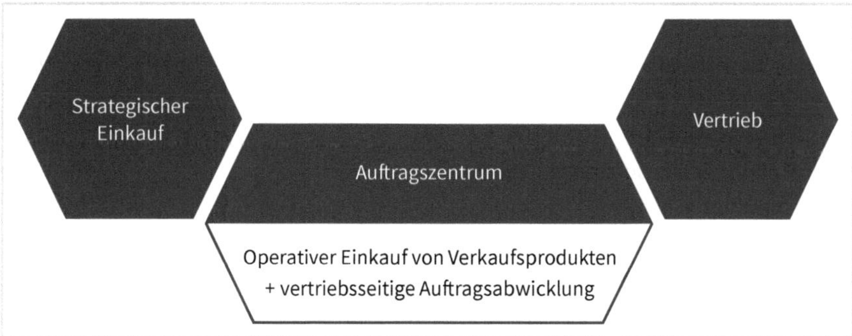

Abb. 30: Arbeitsaufteilung mithilfe eines Auftragszentrums

24 Dieser Eindruck ist falsch, denn die operativen Einkäufer sind für die Kernaufgaben des Einkaufs zuständig. Leider wird die Durchführung von operativen Aufgaben von vielen Menschen nicht so sehr wertgeschätzt wie die Durchführung von strategischen Aufgaben.

Die Vorteile hierbei sind:

- Es ist wenig interne Abstimmung für Liefertermine notwendig, da die Mitarbeiter, welche die Bestellungen ausführen, die gleichen sind wie die, die den Kunden die Termine bestätigen.
- Die Kunden kommen schneller an Informationen wie etwa Lieferzeiten.
- Die Tätigkeit ist für die Mitarbeiter abwechslungsreicher als bei reinem operativem Einkauf oder reiner Auftragsabwicklung.

Um ein solches Modell einführen zu können, sollte folgendes gegeben sein:

- Das Personal muss die Kompetenzen haben, die Tätigkeiten auszuführen. Da viel Kontakt mit den Kunden stattfindet, repräsentieren diese Mitarbeiter das Unternehmen.
- Der Einkauf der Produkte darf nicht so kompliziert sein, dass nur spezialisierte Mitarbeiter dazu imstande sind.

Für die operativen Tätigkeiten sind Industriekaufmänner und -frauen oft gut geeignet. Auf kaufmännischen Berufen aufbauend kann mit Spezialisierung auf den Einkauf eine Weiterbildung zum »Geprüfte/r Fachwirt/in für Einkauf (IHK)« erfolgen (vergleichbar mit dem früheren »Fachkaufmann/-frau für Einkauf und Logistik«), viele Absolventen dieser Weiterbildung sind hervorragend für anspruchsvolle kaufmännische Tätigkeiten geeignet.

14.3 Projekteinkauf: Der Hidden Champion

Mithilfe des Projekteinkaufs wird schon bei der Produktentwicklung ein besonderer Fokus auf die Kosten und die Beschaffbarkeit von Produkten gelegt. Im Kapitel 1 »Produktentwicklung« wurden zahlreiche Beispiele dazu dargestellt. Auf Seite 15 wurde erläutert, warum der Projekteinkauf so früh wie möglich eingebunden werden sollte, nämlich bei Kick-Off-Terminen von neuen Projekten. Projekteinkäufer sind von Projektbeginn bis zur Serienüberleitung Mitglied des Projektteams, zu ihren Aufgaben gehören beispielsweise:

- Erstellung des Beschaffungsplans,
- Lieferantenauswahl,
- Durchsetzung von Kostenoptimierungen,
- Beschaffung der benötigten Teile,
- Serienüberleitung in Zusammenarbeit mit dem Einkäufer für die Serie.

Die Aufgaben des Projekteinkäufers gehören zu den anspruchsvollsten im Einkauf, was bei der Personalauswahl berücksichtigt werden sollte. Die Eigenschaften, die ein guter Projekteinkäufer mitbringen muss, sind grundsätzlich ähnlich zu denen eines strategischen Einkäufers. Das technische Verständnis spielt eine noch größere Rolle.

Daneben ist ein hohes Maß an Fingerspitzengefühl gefragt, da die Zusammenarbeit mit anderen Abteilungen in interdisziplinären Teams erfolgt.

Der Projekteinkauf kann entweder dem strategischen Einkauf angegliedert sein oder es kann einen eigenen Bereich für den Projekteinkauf geben. Wenn der Projekteinkauf einen eigenen Bereich bildet, ist ein regelmäßiger Austausch mit den Kollegen des Serieneinkaufs wichtig, da der Projekteinkäufer die täglichen Sorgen und Probleme der Serieneinkäufer so gut wie möglich verstehen sollte, um die Erfahrungen in die Projekte einfließen lassen zu können.

14.4 Qualitätsthemen als Hemmschuh

Viele Einkäufer verbringen einen Großteil ihrer Arbeitszeit damit, verschiedene Qualitätsprobleme gemeinsam mit Lieferanten zu lösen, sodass wenig Zeit für strategische Themen bleibt. Insbesondere größere Unternehmen lagern daher häufig Qualitätsthemen aus dem strategischen Einkauf aus und schaffen neue Stellen, die zwischen dem Einkauf und dem Qualitätsmanagement angesiedelt sind. Bezeichnungen für solche Stellen lauten beispielsweise »Lieferantenqualitätsmanager«, »Supplier Quality Engineer« oder »Supplier Quality Manager«.

ZUSAMMENFASSUNG

- Strategische Themen werden häufig erst dann verfolgt, wenn der Einkauf in einen strategischen und in einen operativen Bereich aufgeteilt wird.
- Ein Auftragszentrum, das sowohl den operativen Einkauf als auch die kundenseitige Auftragsabwicklung vereint, ist eine moderne, kundenorientierte Organisationsform.
- Ein Projekteinkauf kann bei Projekten dabei helfen, typischen beschaffungsbezogenen Problemen vorzubeugen.

Weiterführende Literatur

Viele Themen wurden in diesem Buch nur angeschnitten. Für weiterführende Informationen sei auf die im Folgenden beschriebene Literatur verwiesen. In den Fällen, in denen das Werk in englischer Sprache erschienen ist, wird zusätzlich die deutsche Übersetzung angegeben.

Wertanalyse – das Tool im Value Management

Titel: Wertanalyse – das Tool im Value Management
Autoren: Diverse
Herausgeber: VDI-Gesellschaft Produkt- und Prozessgestaltung
Verlag: Springer
Auflage: 6. Auflage, 2011
Umfang: 294 Seiten
ISBN: 978-3540795162
Preis: 84,99 €

Das Buch, an dem zahlreiche Experten mitgewirkt haben, kann als das deutschsprachige Standardwerk zum Thema Wertanalyse bezeichnet werden. Die auf Seite 35 erwähnten Schritte, nach denen ein Wertanalyseprojekt abläuft, werden in diesem Werk ausführlich erläutert. Diverse methodische Instrumente und anzuwendende Techniken werden beschrieben. Außerdem werden zahlreiche Praxisbeispiele dargestellt. Die Beschreibungen erfolgen so umfassend, dass nach der Lektüre dieses Werks keine wichtigen Fragen mehr zum Thema Wertanalyse offen bleiben dürften.

Getting to Yes

Sprache: Englisch
Titel: Getting to Yes
Untertitel: Negotiating agreement without giving in
Autoren: Roger Fisher, William Ury, Bruce Patton
Herausgeber: Penguin Group
Auflage: 3. Auflage, 2011
Umfang: 220 Seiten
ISBN: 978-0143118756
Preis: 15,59 €

Sprache: Deutsch
Titel: Das Harvard-Konzept
Untertitel: Die unschlagbare Methode für beste Verhandlungsergebnisse
Autoren: Roger Fisher, William Ury, Bruce Patton
Herausgeber: Deutsche Verlags-Anstalt
Auflage: 6. Auflage, 2018
Umfang: 336 Seiten
ISBN: 978-3421048288
Preis: 30,00 €

Dieses Werk beruht auf dem Harvard Negotiation Project der Harvard-Universität. Es wurde 1981 geschrieben und gilt als Standardwerk zum Thema Verhandlungsführung. Die Grundzüge wurden bereits im Kapitel 5.3 »Kooperatives Verhandeln: Das Harvard-Konzept« ab Seite 75 beschrieben. Die dort genannten vier Prinzipien werden im empfohlenen Buch ausführlich beschrieben, ohne dabei langatmig zu werden. Die Ausführungen sind gespickt mit Informationen, die auch für Einkäufer hilfreich sind. Anschauliche Praxisbeispiele ergänzen die Theorie. Im Anschluss werden häufig gestellte Fragen beantwortet. Das Buch ist auch für Anfänger auf dem Gebiet geeignet.

Never Split the Difference: Negotiating as if Your Life Depended on It

Sprache: Englisch
Titel: Never Split the Difference
Untertitel: Negotiating as if Your Life Depended on It
Autor: Chris Voss, Tahl Raz
Herausgeber: Random House Business
Auflage: 1. Auflage, 2017
Umfang: 288 Seiten
ISBN: 978-1847941497
Preis: 9,99 €

Sprache: Deutsch
Titel: Kompromisslos verhandeln
Untertitel: Die Strategien und Methoden des Verhandlungsführers des FBI
Autor: Chris Voss, Tahl Raz
Herausgeber: Redline Verlag
Auflage: 1. Auflage, 2017
Umfang: 322 Seiten
ISBN: 978-3868816563
Preis: 17,99 €

Der Autor Chris Voss führte für das FBI 15 Jahre lang Verhandlungen mit Geiselnehmern durch. Die Erkenntnisse seiner Arbeit schrieb er im Buch »Never Split the Difference« nieder. Im Gegensatz zu »Getting to Yes« handelt es sich um ein Buch, für das Vorkenntnisse in der Verhandlungsführung vorhanden sein sollten, da fortgeschrittene Methoden erläutert werden, beispielsweise psychologische Tricks für Verhandlungen, in denen sich die Gegenpartei nicht rational verhält. Emotionen werden nicht ausgeblendet, sondern werden als Bestandteil der Verhandlung akzeptiert. Im Einkaufsalltag sind nicht alle Methoden anwendbar, dennoch lohnt sich die Lektüre auch für Einkäufer. Die deutsche Übersetzung erhielt schlechte Kritiken, deshalb ist das Buch in der englischen Originalversion vorzuziehen.

Controlling-Instrumente von A – Z

Titel:	Controlling-Instrumente von A – Z
Untertitel:	Die wichtigsten Werkzeuge zur Unternehmenssteuerung
Autoren:	Jörgen Erichsen
Herausgeber:	Haufe
Auflage:	9. Auflage, 2020
Umfang:	482 Seiten
ISBN:	978-3648136898
Preis:	34,95 €

Es handelt sich um ein allgemeines Buch zum Thema Controlling, nicht speziell zum Thema Einkauf. Dennoch werden auch einkaufsspezifische Instrumente, wie z. B. Lieferantenbewertungen, vorgestellt. Viele der allgemeinen Instrumente, beispielsweise Balanced Scorecard oder SWOT-Analysen, sind ebenfalls für Einkäufer interessant.

Das Lieferkettensorgfaltspflichtengesetz

Titel:	Das Lieferkettensorgfaltspflichtengesetz
Untertitel:	Regelungen, Anforderungen, Umsetzungen in der Praxis
Autoren:	Karl Würz, Ann-Kathrin Birker
Herausgeber:	Haufe
Auflage:	1. Auflage, 2022
Umfang:	228 Seiten
ISBN:	978-3648157947
Preis:	79,95 €

Der komplette Gesetzestext des Lieferkettensorgfaltspflichtengesetzes wird in diesem Buch erläutert. Die häufigsten Fragen werden beantwortet und es werden Tipps gegeben, wie eine Umsetzung in den Unternehmen erfolgen kann.

Integrierte Materialwirtschaft, Logistik, Beschaffung und Produktion

Titel:	Integrierte Materialwirtschaft, Logistik, Beschaffung und Produktion
Untertitel:	Supply Chain im Zeitalter der Digitalisierung
Autor:	Helmut Wannenwetsch
Herausgeber:	Springer Vieweg
Auflage:	6. Auflage, 2021
Umfang:	936 Seiten
ISBN:	978-3662610947
Preis:	59,99 €

Der Autor ist Professor und lehrt seit 1996 an der DHBW Mannheim die Fachgebiete Einkauf, Logistik, Materialwirtschaft und Produktion. Obwohl das Buch im akademischen Umfeld entstanden ist, ist es auch für Praktiker hervorragend geeignet. Wie der Name schon andeutet, werden nicht nur Beschaffungsthemen behandelt, sondern auch angrenzende Bereiche wie Logistik und Produktion. Trotz der Themenbreite werden die einzelnen Gebiete nicht nur oberflächlich behandelt, was sich im großen Umfang des Buchs niederschlägt. Insbesondere für den strategischen Einkauf werden zahlreiche Instrumente vorgestellt.

Über den Autor

Christoph Siegfarth studierte Physik (Master of Science an der University of Oregon) und Wirtschaftsphysik (Diplom an der Universität Ulm).

Er war mehrere Jahre lang im technischen Einkauf in der Laserindustrie tätig, die meiste Zeit davon mit Führungsverantwortung. 2018 machte er sich selbstständig und ist seitdem für Startups und mittelständische Technologieunternehmen auf folgenden Gebieten tätig:

- Interimsmanagement,
- Projektarbeit,
- Beratung,
- Schulungen zum Thema technischer Einkauf – auf Grundlage dieser Schulungen ist das vorliegende Buch entstanden.

Unter www.siegfarth-consulting.de sind aktuelle Informationen zu finden. Gerne können Sie Herrn Siegfarth unter buch@siegfarth-consulting.de kontaktieren und beispielsweise eine Schulung für Ihr Unternehmen anfragen oder sich bei Einkaufsprojekten unterstützen lassen.

Stichwortverzeichnis

PI13626343
9747171